干酪精选123款

超级美味干酪的选择和食用方法

（日）主妇之友社　编著
乐　馨　译

辽宁科学技术出版社
·沈阳·

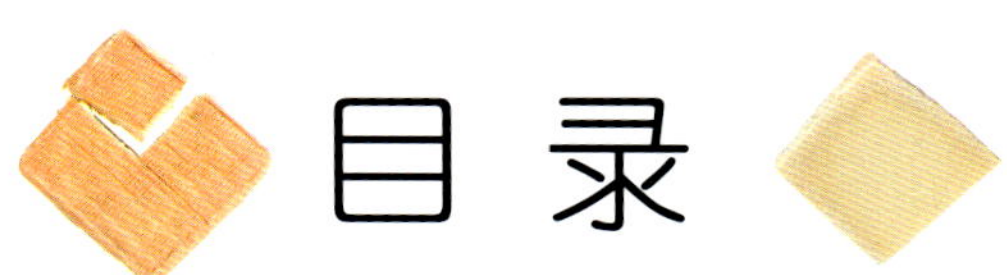
目 录

Part 6 半硬质干酪&硬质干酪 Pressed Cheeses

专栏

说　明

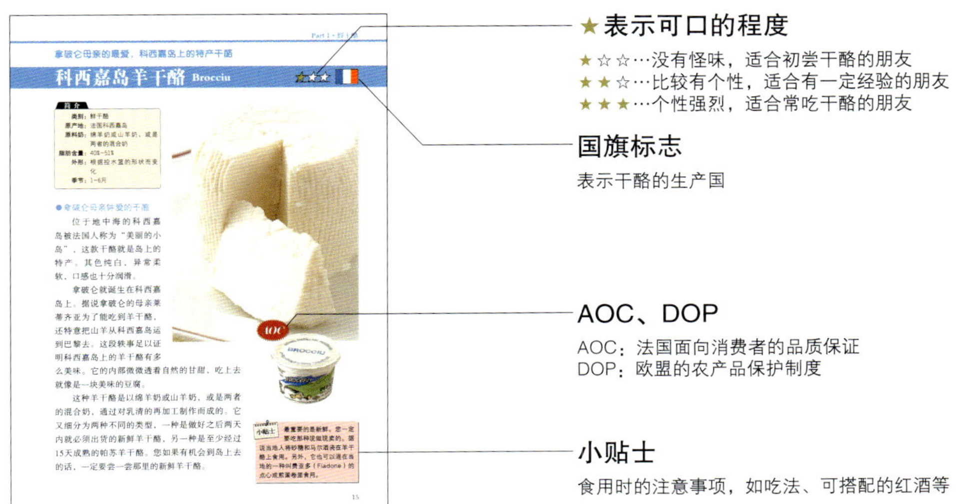

Part 1 • 鲜干酪

拿破仑母亲的最爱，科西嘉岛上的特产干酪

科西嘉岛羊干酪 Brocciu ★★★

简介

类别：	鲜干酪
原产地：	法国科西嘉岛
原料奶：	绵羊奶或山羊奶，或是两者的混合奶
脂肪含量：	40%~51%
外形：	根据控水篮的形状而变化
季节：	1~6月

● 拿破仑母亲钟爱的干酪

位于地中海的科西嘉岛被法国人称为“美丽的小岛”，这款干酪就是岛上的特产。其色纯白，异常柔软，口感也十分润滑。

拿破仑就诞生在科西嘉岛上。据说拿破仑的母亲莱蒂齐亚为了能吃到羊干酪，还特意把山羊从科西嘉岛运到巴黎去。这段轶事足以证明科西嘉岛上的羊干酪有多么美味。它的内部微微透着自然的甘甜，吃上去就像是一块美味的豆腐。

这种羊干酪是以绵羊奶或山羊奶，或是两者的混合奶，通过对乳清的再加工制作而成的。它又细分为两种不同的类型，一种是做好之后两天内就必须出货的新鲜羊干酪，另一种是至少经过15天成熟的帕苏羊干酪。您如果有机会到岛上去的话，一定要尝一尝那里的新鲜羊干酪。

小贴士 最重要的是新鲜。您一定要吃那种现做现卖的。据说当地人将砂糖和马尔酒浇在羊干酪上食用。另外，它也可以混在当地的一种叫费亚多（Fiadone）的点心或煎蛋卷里食用。

15

★表示可口的程度

★☆☆…没有怪味，适合初尝干酪的朋友
★★☆…比较有个性，适合有一定经验的朋友
★★★…个性强烈，适合常吃干酪的朋友

国旗标志

表示干酪的生产国

AOC、DOP

AOC：法国面向消费者的品质保证
DOP：欧盟的农产品保护制度

小贴士

食用时的注意事项，如吃法、可搭配的红酒等

干酪的基础知识

几年前，我们只能见到为数不多的几种干酪，而现今大大小小的超市里已经开设了干酪专柜，摆放着几十种干酪。干酪已经为人们所熟知。那么，干酪究竟是什么东西呢？我们先从它的起源和历史讲起。

干酪是什么？

听到干酪这个词，您的脑海里浮现出什么来了呢？是从前就为人所熟知的再制干酪呢，还是备受欢迎的卡蒙贝尔干酪？或者是马苏里拉干酪？干酪可是多种多样的。简单来说，干酪就是将奶用乳酸菌发酵并用酶凝结后的浓缩产品。使用的奶，可以是牛奶，也可以是山羊奶或是绵羊奶，其外形和硬度千差万别。

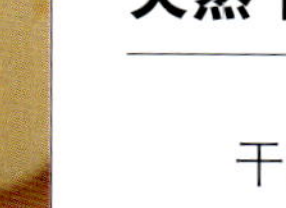

天然干酪和再制干酪

干酪大致分为天然干酪和再制干酪两种。天然干酪是直接用鲜奶制成的，再制干酪是将天然干酪加工后的产品。再制干酪能够保存很长时间，但由于加工的缘故，其味道不够醇厚。假如您想体味干酪的本色滋味，那就请您品尝本书为您介绍的各种天然干酪吧。

干酪的别称

干酪在中国又名芝士、乳酪或奶酪。那世界上主要的国家又怎么称呼干酪呢？干酪的法语为Fromage，意大利语为Formaggio，它们都是从"成型"（Forma）一词演变而来的。另外，干酪在英语里被称为Cheese，西班牙语为Queso，德语为Käse，荷兰语为Kaas，葡萄牙语为Queijo。这些词的词源都是拉丁语中的干酪一词Caseus。

干酪的起源

阿拉伯一个古老的民间传说中提到了干酪的诞生。"过去，阿拉伯的商人在上路前都把羊奶装进一个用羊的胃制成的水壶中，带在路上喝。他们在行进途中口渴时，就打开水壶喝羊奶。这时他们发现羊奶结块了，品尝这些羊奶块后，发现它们十分美味。"这些"羊奶块"其实就是干酪的始祖。多亏了它们，今天的我们才能吃到香喷喷的干酪。

中国干酪

干酪等奶制品在中国传统牧区是一种常见食品。受元朝、清朝统治阶层影响，干酪逐渐从畜牧民族居住区传播到各地。清朝的宫廷食品有松仁干酪、奶豆腐、奶饽饽、干酪干等，主要是由鲜牛奶、白糖、糯米酒烤制而成。这些基本属于鲜干酪类，至今在北京地区的老字号店铺仍可以买到。另外，如贵州小吃"奶皮子"，是将鲜奶煮沸，取出表面凝结的蛋白质和奶脂晾干而成，也可认为属于鲜干酪一类。

干酪的种类

干酪分为天然干酪和再制干酪两种。本书主要介绍的是带着原始奶香的天然干酪。天然干酪的分类方法多种多样，一般将其分为7种。

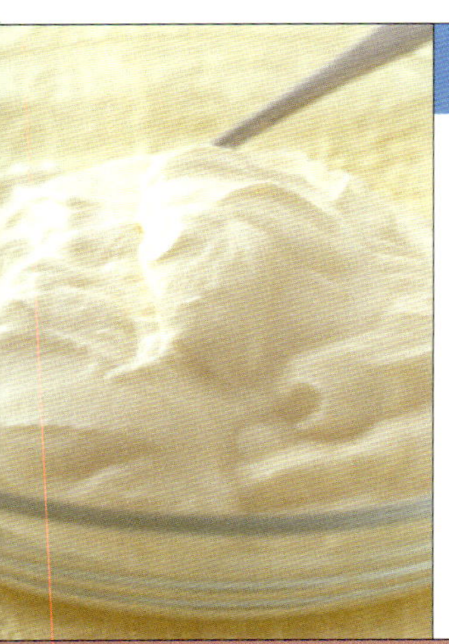

鲜干酪

水嫩的清爽风味

一种未成熟的干酪，类似酸奶，以白干酪为代表。将牛奶凝固成酸奶，除去水分就是这种干酪。其口感柔软，味道清淡，酸味恰到好处，而且充满了新鲜的奶香味。这种干酪越新鲜越好吃，可以直接吃，也可以加入蜂蜜或果酱一起吃。它的奶源多样，其中牛奶制成的鲜干酪最为可口。

白霉干酪

柔滑温和的人气干酪

最受欢迎的干酪大概就是它了。这种干酪比较柔软，表面覆盖着一层白色的真菌绒毛。我们所熟悉的卡蒙贝尔干酪和布里干酪就属于这种。虽然个别白霉干酪有强烈的个性，但大部分白霉干酪都比较温和，适合初尝干酪者。大多数白霉干酪都比较传统，不过后来出现了奶味更加浓厚的干酪。它们在牛奶中加入了奶油，被称为“二重奶油”或“三重奶油”※。

※“二重奶油”或“三重奶油” 一种在牛奶中加入奶油制成的干酪，在年轻人当中风靡一时。其口感非常柔滑，入口即化，但脂肪含量很高。“二重奶油”中有60%~75%的固体脂肪，而“三重奶油”则达到75%以上。尽管好吃，但不宜多食。

洗浸干酪

独特的味道与酒类十分投缘

洗浸干酪的味道千变万化，聚集了许多个性强烈的干酪。因其在成熟期间须以盐水多次清洗表皮，故被称为“洗浸”。有时候也用当地的葡萄酒、白兰地、马尔酒等酒类清洗。其独特的味道来自表皮，表面上看来好像十分怪异，但却有着意想不到的温和口感，相当好吃。外皮很美味，如果硬就剥掉，倘若还是软的就直接入口吧。洗浸干酪是绝好的下酒配料，与葡萄酒尤为相配。

山羊和绵羊干酪

源于自然的质朴风味

用山羊奶制成的干酪总称为山羊干酪。传统山羊干酪的最佳食用时节是每年的3~11月。其独特的清爽酸味和干巴巴的口感，让有些人疯狂着迷的同时，也令有些人对它敬而远之。这种干酪一般较小，外面涂抹一层木炭粉以防干燥，因此很好辨认。另外，用绵羊奶制成的干酪则称为绵羊干酪。绵羊奶奶香醇厚，制作出来的干酪也以黏糯的口感和绵羊奶特有的收敛滋味为主要特征。

蓝纹干酪

刺激性的美味令人无法自拔

也称“蓝霉干酪”，在青霉素的作用下形成大理石花纹般的蓝绿色纹路。洛克福干酪、戈贡佐拉干酪以及斯蒂尔顿干酪是世界闻名的三大蓝纹干酪。蓝纹干酪的最大特点是具有刺激性的味道。这种干酪的含盐量很高，整体具有强烈的味道。不过，其干酪本身是用牛奶或羊奶制成的，口感温和。如果您还对蓝纹干酪不太习惯，可以选择那些蓝霉少的干酪来尝一尝。

半硬质干酪

品尝成熟干酪的香醇

这种干酪常被夹在三明治和比萨饼中，我们常常有机会吃到。它在制作过程中无需加热即可压榨，本书把非加热压榨的干酪都归为半硬质干酪。这种干酪的保存期很长，而且方便料理。其组织微硬，需要较长时间的成熟过程。此类干酪口味多样，绝大多数都比较温和可口，以古达干酪最为有名。

硬质干酪

浓缩的好滋味

干酪中那些硬实的大个头都可以称为硬质干酪。本书中把加热之后进行压榨的干酪都归为这一类。它是一种山地地区的干酪，那些因漫长严冬无法出门的山地居民都将它储存起来作为食物。因为是在加热的过程中同步压榨的，所以里面所含的水分极少。通过长时间的成熟，香浓的滋味得到进一步浓缩，因此大部分的硬质干酪都具有醇厚的风味。其代表为帕马森干酪和格鲁耶尔干酪。

商标的说明

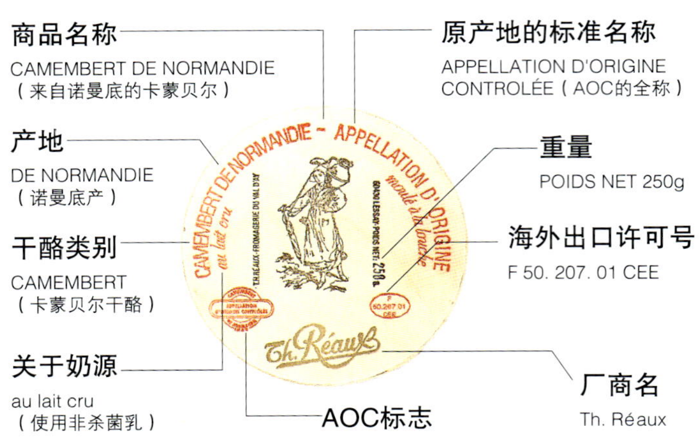

干酪不但吃起来很美味，而且看起来也很开心！它的个性包装丰富多彩，包含了很多信息。刚开始看时会觉得繁琐、一头雾水，看久了就会看出它的雅致和美感来。

Part 1 鲜干酪

Fresh Cheeses

我们将那些未成熟的干酪称为鲜干酪，其爽滑的口感极易为人们所接受。它与果酱、蜂蜜等带甜味的配料十分相配。当然，鲜干酪一定要趁新鲜的时候尽快吃完。

※干酪的脂肪含量

本书干酪产品标签上和“简介”中标示的脂肪含量是依据干燥萃取物的比例算出来的。也就是说，是依据完全去除水分的干酪所算出的比例，和通常的理解并不一样。

以脂肪含量为40%的新鲜干酪为例。它是由20%的干燥萃取物和80%的水分组成的，这里40%的脂肪含量是指20%干燥萃取物中的40%，换算成实际干酪中的脂肪含量应该为：“40%×20%=8%”。

白干酪 Fromage Blanc

简介

类别： 鲜干酪
原产地： 法国
原料奶： 牛奶
脂肪含量： 0、20%、40%
外形： 盛在容器中或在店中称量
季节： 整年

●新鲜、净白，做甜品正合适

白干酪介于酸奶与鲜奶油之间，其酸味较酸奶要淡且更具醇香，但没有奶油那么浓厚。清爽淡雅的它适合作为夏日消暑的甜品。

“Fromage Blanc”直译过来就是“白色的干酪”。这是一种在半途中就完成了的干酪，制作方法简易。先将牛奶温热，加入凝乳酶搅拌，凝固之后轻轻地将整块干酪放入模具中，控出水分即完成。有许多干酪都是白色的，但将这款干酪冠以“白干酪”之名是再合适不过了。

●乡村型和摔打型

白干酪又有两种类型，一种是乡村型，一种是摔打型。前者是直接放入模具中制成的，口感有点儿干，而后者是经过反复揉摔过的，口感润滑。它们之间的区别就有点儿像北豆腐和南豆腐。绝大部分的人都偏爱摔打型，只有少数的“干酪通”才能吃出乡村型的美味。

白干酪中脂肪含量一般占40%。考虑到健康因素，有些白干酪中的脂肪含量被降至20%甚至0。那些想吃又怕胖的朋友应该非常开心。它也可以作为孩子的健康零食，据说法国人常常把它给刚刚断奶的孩子食用。所以，白干酪也被人们称为“人生中的第一种食品”，并深得男女老少的喜爱。

小贴士 最普通的吃法就是在里面放点儿细砂糖，不过撒些盐和胡椒也可以。加上果酱和蜂蜜就能轻而易举地变身为一款简单的甜品啦。有时也被作为点缀或菜肴中不易觉察的作料，甚至被用于奶油冻等点心的制作中。

布鲁西干酪 Boursin

简介

类别：鲜干酪
原产地：法国诺曼底地区
原料奶：在牛奶中添加奶油
脂肪含量：70%
外形：直径8cm，高约4cm，重150g
季节：整年

●法国诺曼底地区的家庭自制食品

布鲁西干酪（又名香蒜干酪）于1957年诞生，一夜之间便传遍了世界各地。它本是法国诺曼底地区家庭自制的干酪，被认为是香草白干酪的前身。之所以叫这个名字，据说是因为它的制作食谱来自一位叫做弗兰索瓦·布鲁西的人。

●添加了大蒜和香草的大蒜香草末干酪和黑胡椒风味的胡椒干酪

在牛奶中添加奶油制成的干酪口感都相当润滑，其中最受欢迎的是添加了大蒜和香草的大蒜香草末干酪。

虽然与啤酒十分搭配的胡椒干酪很常见，但一般说到布鲁西干酪通常都是指大蒜香草末干酪。这款干酪也有小片的，可以一次性吃完。可以加在牛排上，也可以代替大蒜黄油塞在食用蜗牛里。

左边是大蒜香草末干酪，右边是胡椒干酪

小贴士 胡椒干酪可与酒体较轻的红葡萄酒和啤酒相配，而大蒜香草末干酪则适合与辛辣的白葡萄酒一起食用。平时可以将它们涂在面包或咸饼干上，作为餐前的开胃小品。也可以与鲜奶油一起搅拌，做成泥状沙拉使用。

拿破仑母亲的最爱，科西嘉岛上的特产干酪

科西嘉岛羊干酪 Brocciu

★★★ 

简介

类别： 鲜干酪
原产地： 法国科西嘉岛
原料奶： 绵羊奶或山羊奶，或是两者的混合奶
脂肪含量： 40%~51%
外形： 根据控水篮的形状而变化
季节： 1~6月

●拿破仑母亲钟爱的干酪

位于地中海的科西嘉岛被法国人称为“美丽的小岛”，这款干酪就是岛上的特产。其色纯白，异常柔软，口感也十分润滑。

拿破仑就诞生在科西嘉岛上。据说拿破仑的母亲莱蒂齐亚为了能吃到羊干酪，还特意把山羊从科西嘉岛运到巴黎去。这段轶事足以证明科西嘉岛上的羊干酪有多么美味。它的内部微微透着自然的甘甜，吃上去就像是一块美味的豆腐。

这种羊干酪是以绵羊奶或山羊奶，或是两者的混合奶，通过对乳清的再加工制作而成的。它又细分为两种不同的类型，一种是做好之后两天内就必须出货的新鲜羊干酪，另一种是至少经过15天成熟的帕苏羊干酪。您如果有机会到岛上去的话，一定要尝一尝那里的新鲜羊干酪。

小贴士 最重要的是新鲜。您一定要吃那种现做现卖的。据说当地人将砂糖和马尔酒浇在羊干酪上食用。另外，它也可以混在当地的一种叫费亚多（Fiadone）的点心或煎蛋卷里食用。

圣马尔斯兰干酪 Saint-Marcellin

简 介

类别： 鲜干酪
原产地： 法国多菲内地区
原料奶： 牛奶
脂肪含量： 不低于40%
外形： 直径7cm，高2~2.5cm，重80g以上
季节： 整年

左边是成熟后的样子。因成熟后呈黏稠状，所以使用了容器

过去，这款干酪是用羊奶做的，现在改用牛奶了。当它做得比较嫩时，清爽的滋味与山羊干酪相似。

过去，圣马尔斯兰干酪是像山羊干酪那样成熟后比较硬的，后来里昂有位干酪商想出一个点子，制成了糊状的圣马尔斯兰精炼干酪（Saint-Marcellin Affiné），它那种洗浸干酪似的浓厚香味令人沉醉。

小贴士 如果要配葡萄酒，请一定选用已经成熟的圣马尔斯兰干酪。这款干酪既可以直接吃，也可以撒上盐、胡椒和香草，做成沙拉吃。成熟的圣马尔斯兰干酪呈糊状，要用勺子舀着吃。

圣费利西安干酪 Saint- Félicien

圣费利西安干酪要比圣马尔斯兰干酪大一圈，正因为比后者大，其滋味也更奔放。左图所示的圣费利西安干酪是巴黎的干酪厂商肯托尔欧（Quatrehomme）的杰作。在浓郁的奶香背后还隐藏着淡淡的坚果风味。

简 介

类别： 鲜干酪
原产地： 法国多菲内地区
原料奶： 牛奶
脂肪含量： 约60%
外形： 直径8~10cm，高1~1.5cm
季节： 春季至秋季

用途广泛，直接吃、做菜、做点心都行

奶油干酪 Cream Cheese ★★★

简介

类别： 鲜干酪
原产地： 丹麦、澳大利亚、美国、新西兰、奥地利、法国等
原料奶： 牛奶
脂肪含量： 70%
外形： 因厂商而异
季节： 整年

●醇和的滋味十分具有亲和力

要说为人们最熟悉的干酪，当数奶油干酪了。这款干酪口味多样，既有原味的，也有巧克力味、草莓味、香橙味等。那种甘甜爽滑的甜品式口感，真是人见人爱。

这种在牛奶中添加奶油制成的干酪，在世界各国均有生产。其中澳大利亚的PHILADELPHIA、丹麦的DOFO、法国的Kiri比较有名。国度与厂商不同，奶油干酪的滋味与用料也会有差异。奶油干酪的价格适中，味道很大众化，可以直接吃，也可以用来做菜、做点心，从这一点来看，没有什么干酪可以跟它相比。

从左上角开始顺时针依次是DOFO、St Moret、丹麦产干酪、Kiri、Belcube、Bel Paese

小贴士 奶油干酪与百吉饼和裸麦面包十分投缘。当然，在制作芝士蛋糕等点心时也少不了它。与它相配的饮品有甜的白葡萄酒、咖啡、红茶等。

无法抗拒的新鲜滋味，透出牛奶淡淡的甘甜

瑞克塔干酪 Ricotta

简介

类别：鲜干酪
原产地：意大利各地
原料奶：羊奶、牛奶、水牛奶
脂肪含量：15%~45%
外形：装在塑料容器中
季节：整年

大部分的瑞克塔干酪都是添加了奶油，不过格尔巴尼（Galbani）公司生产的瑞克塔干酪（左）是个例外

煮制两遍的纯白干酪

瑞克塔干酪大部分都是牛奶制成的，意大利则有多种奶源的瑞克塔干酪，如羊奶、水牛奶等。“Ricotta”的原意是“煮两遍”。它是在干酪的制作过程中，在乳清里加入新奶或奶油，再加热制成，因此对于奶源并没有特殊要求。

这款干酪十分洁白，一般都是装在塑料容器中。过去，人们一般用控水篮来盛干酪，因此现在许多厂商还特意在塑料容器上打上控水篮的花纹。它的味道清爽，吃上去有些干巴巴的感觉。这款干酪也是越新鲜越好吃，其甘甜的奶味令人难忘。这里为大家介绍的是新鲜的瑞克塔干酪，其实在意大利本土有各种形态的瑞克塔干酪，有用盐成熟的、烟熏的或是包在香草里的等。

广泛用于烹饪和点心制作

用羊奶或水牛奶制成的瑞克塔干酪不太容易保存，因此在国内很难买到。倘若有机会去意大利的话，一定要在那儿尝一尝。羊奶制成的瑞克塔干酪带着温和的甜味，刚做出来时相当美味。

瑞克塔干酪与法国的科西嘉岛羊干酪（见第15页）有几分相似，在意大利常被当做菜肴和点心的配料使用。

小贴士 瑞克塔干酪几乎可以用于任何一种菜肴和点心，比如它可以作为意大利千层面或馄饨的馅儿，也可以加到奶汁烤菜或“派”里去。直接在干酪里加入蜂蜜或果酱也十分美味。它还可以配以酒体轻的葡萄酒、咖啡或红茶。

意式沙拉等意大利菜肴中不可或缺的白色干酪

马苏里拉·水牛·坎帕纳干酪 Mozzarella di Bufala Campana

简介

类别： 鲜干酪
原产地： 意大利坎帕尼亚大区
原料奶： 水牛奶
脂肪含量： 不低于52%
外形： 不规则的球形，重20~800g
季节： 整年

左边是用牛奶制成的马苏里拉干酪，右边是用水牛奶制成的马苏里拉·水牛·坎帕纳干酪

●早期用水牛奶制成的坎帕纳干酪

马苏里拉干酪已经成为沙拉、比萨饼等意大利菜肴中不可或缺的一部分。现在，由于牛奶的价格不高，许多马苏里拉干酪都是用牛奶制成的，其实早期马苏里拉干酪用的是水牛奶。水牛奶的脂肪含量要高于牛奶，因此也更硬实。

皮薄内干的马苏里拉干酪最为理想

马苏里拉干酪 Mozzarella

●通过切口判断新鲜度

“Mozzarella”其实是干酪制作中一道工序的名字，意为“撕碎”。先将细碎的凝乳用热水熬，之后将其撕碎，扔进冷水中。

一块马苏里拉干酪是否好吃，可以根据它的切口来判断。新鲜的马苏里拉干酪会从切口渗出奶来，而且越新鲜渗得越多。皮薄内干的马苏里拉干酪最为理想。水牛奶制成的马苏里拉干酪特别讲求新鲜，在购买之前请务必确认生产日期。

简介

类别： 鲜干酪
原产地： 意大利各地
原料奶： 牛奶
脂肪含量： 不低于48%
外形： 不规则的球形，重量一般为125g
季节： 整年

小贴士 用番茄、罗勒、还有马苏里拉干酪搭配而成的卡普里沙拉（Caprese）十分著名。比萨饼也少不了马苏里拉干酪。想要与酒类一起食用的话，可以选择酒体较轻的红葡萄酒或清爽的白葡萄酒。

根据季节变化调整羊奶比例，有细腻而丰富的滋味

罗比欧拉·罗卡韦拉诺干酪 Robiola di Roccaverano

简介

类别： 鲜干酪
原产地： 意大利皮埃蒙特大区阿斯托、亚历山德里亚各省的一部分地区
原料奶： 山羊奶
脂肪含量： 不低于45%
外形： 直径10～14cm，高4~5cm，重250~400g
季节： 春季至秋季

●丝绸般的口感令人享受

在罗麦时代，罗比欧拉干酪被人们称为“卢比奥拉”或“卢贝尔”，即“红宝石”的意思，因为这款干酪在成熟过程中外皮会呈红宝石般的颜色。未成熟时，呈乳白色。

这款干酪味道细腻而丰富，口感柔软润滑，其内里为细粒状，使舌尖的触感如丝绸一般。它那微微的酸味为整个干酪增加了重音。罗比欧拉干酪一般都是新鲜的，有时也会有成熟后的。那些用无花果叶包裹着的成熟罗比欧拉干酪，也深为人们喜爱。

DOP

左边是普通的罗比欧拉·罗卡韦拉诺干酪，右边是用无花果叶包着的罗比欧拉·罗卡韦拉诺·费尔干酪

小贴士 罗比欧拉干酪配上同为皮埃蒙特大区特产的莫斯卡托甜白葡萄酒，是招待客人的最好选择。同时，这款干酪与长棍面包和添加了葡萄干的面包十分相配。

因提拉米苏而一跃成名的意大利代表性干酪

马斯卡邦干酪 Mascarpone

简介

类别： 鲜干酪
原产地： 意大利各地，主要为伦巴蒂亚大区
原料奶： 牛奶
脂肪含量： 不低于60%
外形： 装在塑料容器中
季节： 整年

●点心中不可缺少的浓郁甘甜

这款干酪是著名的意大利甜点提拉米苏（Tiramisù）的原料之一。随着提拉米苏的风靡，它也一跃成名。它不仅用于提拉米苏，也常用于其他的干酪蛋糕和点心。直接食用，口感介于鲜奶油和黄油之间，香浓而爽滑。早期它曾是伦巴蒂亚地区的特产，备受人们的喜爱，在整个意大利北部人们都喜欢制作这款干酪。

“Mascarpone”这个词来源于西班牙语的“mas que bueno”（绝品）一词。很早以前，访问伦巴蒂亚大区的西班牙总督第一次吃到马斯卡邦干酪时，不禁称赞它为“绝品”！

左边为250g，右边为500g

小贴士 与提拉米苏一样，马斯卡邦干酪与稍微带点儿苦味的食物很搭配。它与甜葡萄酒、白兰地、咖啡、红茶等饮品也有相当的默契。吃司康饼时，也可以用它来替代浓缩奶油。

费塔干酪 Feta

简 介

类别： 鲜干酪
原产地： 希腊巴尔干半岛
原料奶： 绵羊奶、山羊奶
脂肪含量： 不低于50%
外形： 一般为棋盘状
季节： 整年

●历史悠久的希腊干酪

希腊多山地，不适合农耕，因此以绵羊和山羊为主的畜牧业十分发达。费塔干酪所用的就是羊奶。据说，最先开始做费塔干酪的是住在雅典郊外的一户养羊的人家，至今已经有200多年的历史了。

为了保存方便，市面上的费塔干酪一般都经过腌渍。当地人一般都先吃新鲜的费塔干酪，然后将剩下来的再用盐腌上。因此，这款干酪虽然很咸，但它并没有失去羊奶清新浓郁的独特香味。它可以用于各种菜肴的烹饪，不过使用前最好先将其在温水或牛奶里浸渍一晚，以除去咸味。有一种切成色子块大小、塞在玻璃瓶里、用香辛橄榄油腌渍的希腊干酪也很受欢迎。

DOP

小贴士 去掉咸味后的希腊干酪可以说是“万金油”。它可以与新鲜蔬菜搭配制成希腊风格的沙拉；或者先用黄油煎一煎，然后夹到煎蛋卷里，同时还可以作为意大利通心粉的点缀。另外，它与果味的红葡萄酒、辛辣的白葡萄酒也能搭配。

Part 2 白霉干酪

Bloomy Rind Cheeses

说到覆盖着洁白真菌的白霉干酪，大家应该都不陌生，特别是卡蒙贝尔干酪。白霉干酪口感柔软，味道大众化，最适合那些初尝干酪的朋友。它既可以作为饭后甜点，也可与果味的白葡萄酒搭配。

以美食家的名字命名，宫廷采购商的最爱

比利萨瓦尼干酪 Brillat-Savarin

简介

类别： 白霉干酪
原产地： 法国，主要是诺曼底地区
原料奶： 在牛奶中添加奶油
脂肪含量： 75%
外形： 直径12~13cm，高3.5~4cm，重450~500g
季节： 整年

●蕴含着高雅、奢华的滋味

比利萨瓦尼原本是过去一位法国美食家的名字，用其名字命名的干酪也不是徒有虚名。米白色的它看上去与极品干酪蛋糕有几分相似。实际上它们的味道也相近，只不过比利萨瓦尼干酪没有极品干酪蛋糕那么甜。这款干酪的脂肪含量虽然很高，但恰到好处的酸味成就了它清淡的口感。它入口即化，舌头触感如丝般顺滑。

比利萨瓦尼干酪于20世纪30年代问世，它的历史相对比较短。巴黎的干酪商安里·安德鲁给它冠上了这个名字。据说是发明者受到过去诺曼底地区一种叫“细刨花（Excelsior）”的干酪的启发制作出来的。

●想买成熟的比利萨瓦尼干酪的话请提前预定

新鲜的比利萨瓦尼干酪比较常见，不过也有成熟之后的。在成熟的过程中，其酸味变淡，香味更加醇厚，内里的颜色也由白色变成米白色。它的口感黏糯，柔软呈糊状，美味程度无法言表。不过，这款干酪很难自发成熟，若是想吃最好到店里去买。

另外，新鲜的比利萨瓦尼干酪一定要尽早食用，否则时间一久就会出现苦味。

小贴士 您可以像吃极品干酪蛋糕那样，在比利萨瓦尼干酪里加入水果和调味汁，与咖啡或红茶一起食用。另外，也可以与酒体较轻的果味葡萄酒、香槟等起泡酒搭配。

卡蒙贝尔·诺曼底干酪 Camembert de Normandie

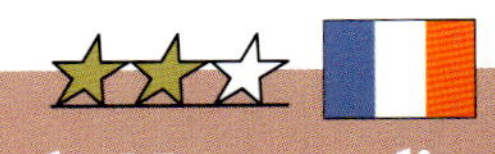

简介

类别： 白霉干酪
原产地： 法国诺曼底地区
原料奶： 牛奶
脂肪含量： 不低于45%
外形： 直径10.5~11cm，高通常为3cm，重250g以上
季节： 整年

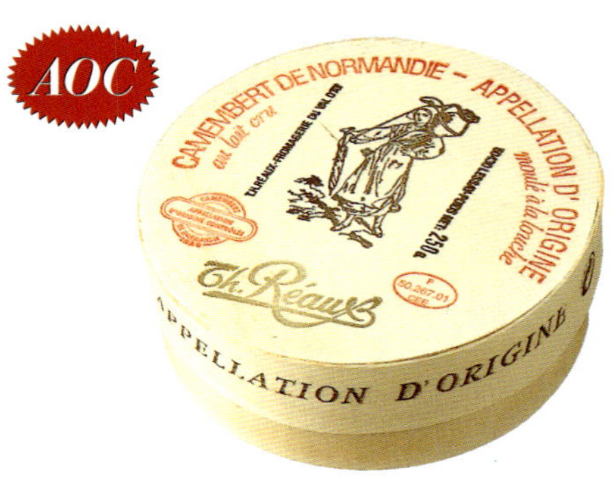

●诺曼底是卡蒙贝尔干酪的原产地

卡蒙贝尔干酪的走红实在令人瞠目结舌，简直成为了白霉干酪的代名词，在世界各地都可以寻觅到它的身影。不过，只有那些在某些地区用传统制法制作出来的卡蒙贝尔干酪，才能被称为正宗的卡蒙贝尔·诺曼底干酪。当然，这也是通过AOC认证的。

在卡蒙贝尔·诺曼底干酪的制作方法中，有许多关于细节的规定。比如用没有加热的非杀菌乳，甚至对它的木质包装也进行了规定。

●正宗的卡蒙贝尔干酪具有强烈的个性

如果您习惯了一般的卡蒙贝尔干酪，第一次吃正宗的卡蒙贝尔·诺曼底干酪时一定会大吃一惊。卡蒙贝尔干酪一向以其温和的滋味而著称，而正宗的卡蒙贝尔干酪却有着浓郁的气味，待其渐渐成熟后，甚至会产生类似氨水的味道。这款干酪的历史可以追溯到1791年。当时住在卡蒙贝尔村的玛丽·阿雷尔（Marie Harel）收容了一位因法国革命逃难到此的牧师，牧师为了报答她，便将卡蒙贝尔干酪的制作方法告诉了她。据说当拿破仑三世吃到玛丽·阿雷尔献上来的卡蒙贝尔干酪时十分满意。后来，人们便在卡蒙贝尔村的邻村维姆契尔村（Vimoutier）塑了一个玛丽·阿雷尔的铜像以表纪念。

小贴士 同样产自诺曼底的苹果酒与它应该是最搭配的。这款干酪可以直接吃，也可以与苹果一起作为餐前开胃菜食用。

拥有高贵的滋味，维也纳会议推举出的“干酪之王”

布里·莫城干酪 Brie de Meaux

简介

类别： 白霉干酪
原产地： 法国，主要是巴黎大区的布里地区
原料奶： 牛奶
脂肪含量： 不低于45%
外形： 直径36~37cm，高通常为3~3.5cm，成熟4周后重2.5~3kg
季节： 整年

◀从前往后依次为克仑米尔、布里·莫伦、布里·莫城

●被称为“干酪之王”的原因

倘若将干酪的世界分成等级的话，布里·莫城干酪无疑属于最顶尖的那一级。以优雅的白色真菌所包裹的它，打破了白霉干酪的普遍规格，显得大气尊贵。其味道深厚浓郁，却又不乏可口的一面。这种千锤百炼的味道，使它无愧于“干酪之王”的称号。

它被冠以“干酪之王”是在1814—1815年。拿破仑败北后，为了稳定欧洲的局势，各国在维也纳召开会议。不过因为各国的利害冲突，会议几乎无法进行下去，于是人们便沉浸在歌舞升平中，甚至还开展了一次竞选干酪的比赛。布里·莫城干酪从60多种干酪中脱颖而出，全场一致认为它是所有干酪中的佼佼者。当时奥地利宰相梅特涅说了这样一句话：“布里是真正的干酪之王，最高级的甜品。”追溯到8世纪，第一次品尝布里干酪的卡尔大帝感叹道：“我发现了一件人间极品。”据说著名的美食家路易十六也对布里干酪宠爱有加。

不过，您是否听说过布里干酪家族的兄弟们呢？它们的出生地相同，只是大小不同。它们“三兄弟”从大到小分别为：布里·莫城（Brie de Meaux）、布里·莫伦（Brie de Melun）和克仑米尔（Coulommiers）。克仑米尔与布里·莫城吃起来润滑可口，布里·莫伦却有着强烈的个性，与它的“哥哥”和“弟弟”都不太像。

小贴士 推荐的葡萄酒有：香味醇厚的红葡萄酒、马尔戈酒等产自波尔多或勃艮第的葡萄酒。随着干酪的成熟，其表面逐渐变成糊状，味道更加醇厚。

充满野性的浓厚风味

布里·莫伦干酪 Brie de Melun

★★★ 

简介

类别： 白霉干酪
原产地： 法国 巴黎大区
原料奶： 牛奶
脂肪含量： 不低于45%
外形： 直径27~28cm，高通常为3.5~4cm，成熟4周后重1.5~1.8kg
季节： 整年

小贴士 对于这种风味浓烈的干酪来说，最好能配上同样具有刺激性的葡萄酒。比如勃艮第的红葡萄酒。这是一款个性出众的干酪，有机会的话一定要直接品尝一下。

布里·莫伦干酪的主要特征是它那独特的香味。那交织着蘑菇和麦秸味的芳香充满了野趣，个性强烈的滋味也令人欲罢不能。虽然在布里家族里排行第二，但它的味道与布里·莫城完全不同，有着浓郁的咸味和酸味。如果说布里·莫城是一位温柔的姑娘，那么布里·莫伦就是一位狂野的小伙子。

比卡蒙贝尔还要大一圈，布里家族的小辈

克仑米尔干酪 Coulommiers

★☆☆ 

这款干酪产自巴黎大区的克仑米尔地区，故而被称为克仑米尔干酪。虽然克仑米尔地区同时也生产大量的杀菌乳，不过在选择干酪时最好还是选择非杀菌乳的产品。

农家自制的克仑米尔干酪有着坚果式的风味，口感温和，醇厚高贵。

简介

类别： 白霉干酪
原产地： 法国巴黎大区
原料奶： 牛奶
脂肪含量： 45%
外形： 直径12.5~15cm，高通常为3~4cm，成熟后重400~500g
季节： 整年

与中等酒体的红葡萄酒相配，其美妙的滋味立即被凸显出来。另外，它与酸味水果也十分投缘。

人气攀升中的糊状立方体干酪

石板立方体干酪 Pavé d'Affinois

简介

类别： 白霉干酪
原产地： 法国罗纳—阿尔卑斯地区
原料奶： 牛奶
脂肪含量： 45%
外形： 边长6cm，高5cm，重150g
季节： 春、夏

●侧面隆起的成熟干酪更加美味

Pavé在法语中是“石板”的意思。正如其名，这款干酪呈立方体状，这在白霉干酪中是十分罕见的。它是用一种划时代的方法制成的：先去除原料奶中的水分，然后再加入一种叫做“乌多拉·菲特勒”的凝乳酶。即使是成熟后的石板立方体干酪也不会有臭味。这款干酪在新鲜时没有什么咸味，对年轻人来说淡了一些。这里推荐大家食用经过充分成熟的石板立方体干酪。您可以用保鲜膜将其包好，放入冰箱中，待其成熟。当它的表皮呈茶褐色，侧面微微鼓胀起来时，就差不多好了。通常我们说边角凹陷的干酪不是好干酪，可石板立方体干酪的边角即使陷下去也没有关系，因为它在成熟后连内里都已经成为糊状了。

小贴士 成熟后的石板立方体干酪要用勺子舀着吃。用它涂抹在咸饼干、长棍面包或法国乡村面包上能够增加风味。它与红葡萄酒，特别是果味的红葡萄酒十分相配。

可爱的包装，适合做小礼物

沽董干酪 Coutances

简介

类别： 白霉干酪
原产地： 法国诺曼底地区
原料奶： 牛奶
脂肪含量： 60%
外形： 直径8cm，高6.5cm，重200g
季节： 整年

●微酸味与奶油味相交织

这款干酪是因法国诺曼底地区的一个名叫“沽董”的小镇而得名的。虽然它诞生的历史还不长，是干酪界的新人，不过它很好地体现了诺曼底牛奶的精髓。属于“二重奶油”型，即在牛奶里添加了奶油。这样一来便增加了乳脂肪成分，使味道更加柔滑细腻。淡淡的酸甜与咸味互相平衡，余味酷似某些高级黄油。味道十分大众化，甚至有人说它比卡蒙贝尔干酪还容易接受。

不过，当沽董干酪成熟之后就会产生些许怪味，口感变得稠糊。熟悉干酪的人如果觉得新鲜沽董干酪吃着不过瘾的话，可以试着尝一尝成熟沽董干酪。

小贴士 与醇厚的红葡萄酒十分搭配。如果想随便一些的话，可以配上果味的白葡萄酒或苹果烧酒。至于面包，则推荐长棍或加入了山葡萄的面包，它们能够很好地将干酪味凸显出来。

蘑菇和榛子的香味令人食欲大增

夏乌尔斯干酪 Chaource

简介

类别： 白霉干酪
原产地： 法国香槟地区
原料奶： 牛奶
脂肪含量： 不低于50%
外形： 大的直径约11cm，高6~7cm，重450g以上；小的直径约9cm，高5~6cm，重250g以上
季节： 整年。夏季和秋季最佳

●极致的味道让人意犹未尽

白霉干酪因其可口的美味一直受到干酪爱好者的青睐。不过这款干酪在成熟的过程中味道会变得醇厚，产生浓郁的香味，甚至超过洗浸干酪。它由味道浓厚的牛奶制成，入口能微微感受到里面轻柔的奶油味以及蘑菇和榛子的香味，令人食欲大增。轻握其侧面，倘若有些轻微的弹性，说明正是食用的好时机。在其成熟的过程中一点点地去品尝里面的味道实在是一种享受。

夏乌尔斯干酪的名字取自于法国香槟地区的一个小镇夏乌尔斯。在法语中，“Chaource”的“cha”是“猫”的意思，“ource”是“熊”的意思。夏乌尔斯干酪的有些商标画的就是猫和熊，这实际上是仿造夏乌尔斯镇的徽章做的。

小贴士 适合与当地产的香槟以及勃艮第产的夏布利酒搭配。总的来说，只要是辛辣口味的白葡萄酒都能与夏乌尔斯干酪一起食用。另外，它也可以作为长棍面包或法国乡村面包的配料。

纳夏泰勒干酪 Neufchâtel

简介

类别： 白霉干酪
原产地： 法国诺曼底的布雷地区
原料奶： 牛奶
脂肪含量： 不低于45%
外形： 通常为桃心形。重量不低于200g
季节： 鲜奶制成的适合夏季和秋季食用。杀菌乳制成的整年都可以食用

●藏着一段浪漫往事的桃心形干酪

大部分纳夏泰勒干酪都是桃心形的，但在法国当地的纳夏泰勒干酪则有六角柱状、圆筒形、砖瓦状等各种形状。从外表来看，这款干酪相当可爱，您大概想不到它的味道其实相当具有刺激性，有着非常重的咸味。而且随着它的成熟，这样的味道会越发强烈。出厂两周时，未成熟的纳夏泰勒干酪最好吃。

关于纳夏泰勒干酪，据说早在11世纪就有所记载。另外还有一件浪漫的轶事：在1337—1453年英国与法国的百年战争之际，法国当地的女性爱上了英国的士兵，并做了一块桃心形的干酪送给他。至于这件事是真是假，我们无从得知，但有一点可以肯定，纳夏泰勒干酪的历史相当古老。现在还有一半的纳夏泰勒干酪是农家手工制作的。它也是一个相当合适的情人节礼物，不过在送出之前，请一定要用心想一想对方是否喜欢它的味道。

小贴士 推荐与果味红葡萄酒一起食用。如果已经成熟，与酒体重的红葡萄酒相搭配可以产生醇厚的滋味。因其咸味较重，与带着天然甘甜的核桃葡萄干的面包一起吃也会很美味。

辛辣的半圆球形小干酪

嘉普隆干酪 Gaperon

简介

类别： 白霉干酪
原产地： 法国奥弗涅地区
原料奶： 牛奶
脂肪含量： 30%~45%
外形： 下部平坦的半圆球形，重250~350g
季节： 整年

●吊在天花板上的美味干酪

“Gap”在奥弗涅地区方言中是“酪乳”的意思，这款干酪的原料奶来源于做黄油剩下的牛奶（即酪乳），故而得名。也正因为如此，它的乳脂肪含量比较低。

这款干酪是先将酪乳加到半脱脂的凝乳上，待其软化后再加入盐、胡椒、大蒜等制作而成的，因此口味有点儿辛辣，但是在这些配料的香味中您还是能够感受到牛奶特有的温和滋味。如今，嘉普隆干酪一般都用品质良好的牛奶制成，外观呈半圆球状，上面还会绑一根绳子。因为过去嘉普隆干酪就是用绳子吊在天花板上成熟的。据说，在谈婚论嫁时，男方的父亲就是通过女方家里吊着的嘉普隆干酪的数量来判断女方家境的。

小贴士 因其具有辛辣味，最好包在生菜中或用在沙拉里，还可以直接切好之后作为下酒菜或零食。待其变硬后还可以擦成粉末放在通心粉中。它与中等酒体的红葡萄酒和啤酒比较相配。

口味温和、清爽，并有高雅香味，与布里干酪相似

布尔梭干酪 Boursault

简介

类别： 白霉干酪
原产地： 法国巴黎大区
原料奶： 在牛奶中添加奶油
脂肪含量： 70%
外形： 直径8cm，高4cm，重200g
季节： 整年

●以发明者的名字命名的干酪

布尔梭干酪诞生于20世纪50年代。当时在巴黎大区住着一位叫布尔梭的干酪师，他想做出一种带有布里干酪余味的干酪，于是布尔梭干酪便应运而生。这款干酪有着充分的巴黎大区优质牛奶的风味，无需成熟便能食用。像这样以发明者的名字命名的干酪比较少见。

温和的口感中飘荡着的高雅香味，令人不由联想起布里干酪。布尔梭干酪表皮轻柔而绵薄，内里湿润呈奶白色，入口即化，具有黄油似的优质口感。这款干酪是“三重奶油”，脂肪含量高达70%，具有极其香浓的奶味。不过，如此浓烈的味道并不令人反感，它的微酸和香味都很清爽。

小贴士 将它厚厚地涂在长棍面包或核桃面包上，那种美味实在无法形容。也可以加入水果中制成甜品。要配葡萄酒的话，最好选择酒体较轻或中等的红葡萄酒，或微辣的白葡萄酒。

口感润滑、柔软的“最好”干酪

至尊干酪 Suprême

简介

类别：白霉干酪
原产地：法国洛林地区
原料奶：牛奶
脂肪含量：60%~62%
外形：厚椭圆形，重300g
季节：整年

小贴士 至尊干酪与所有的葡萄酒，特别是果味的红葡萄酒之间有着惊人的默契。它既可直接食用，也常作为沙拉或水果的配料，或融化后作为菜肴的调味汁使用，简直是万能干酪了。

这款干酪酷似鲜奶油的润滑口感不知虏获了多少人的心。它覆盖着纯白真菌，既滑润又有弹性。它属于“二重奶油”，浓厚的口味中带着淡淡的咸味，对干酪初尝者来说是个不错的选择。在法语中“Suprême”是“最好”的意思。

在美国备受欢迎的高贵美味

圣安德烈干酪 Saint André

这款干酪外面覆盖着一层白色真菌。未成熟时味道比较清爽，一旦成熟就变得浓郁润滑，呈糨糊状。它属于“二重奶油”，口味高贵，略带咸味。这款干酪在美国具有旺盛的人气。

简介

类别：白霉干酪
原产地：法国诺曼底地区
原料奶：牛奶
脂肪含量：75%
外形：直径8cm，高6.5cm，重200g
季节：整年

应选择酒体轻的葡萄酒。辛辣的白葡萄酒和具有甜果味的白、红葡萄酒是很不错的选择。其略带咸味，因此与长棍面包或咸饼干搭配吃要比直接食用更加美味。另外，它与苹果等酸甜味的水果也十分相配。

探险者干酪 Explorateur

简 介

类别： 白霉干酪
原产地： 法国巴黎大区
原料奶： 在牛奶中添加奶油
脂肪含量： 75%
外形： 直径约8cm，高约6cm，重250g
季节： 整年

●为“干酪通”准备的浓烈风味

这款干酪制作于巴黎近郊，表面覆盖一层薄薄的白色真菌。它属于“二重奶油”，但实际上介于“二重奶油”和“三重奶油”之间，既有甘甜，又有强烈的咸味，十分具有冲击力。它的口味超出干酪初尝者所能接受的范畴，从它身上能够清晰地尝到与黄油截然不同的干酪风味。成熟之后更是会带些别具个性的味道，令“干酪通”们爱不释手。

通常的“二重奶油”都是以“可口”为先决条件的，因此彼此之间的味道比较相似。“二重奶油”多为未成熟的干酪，购买时无需在意最佳食用时间。不过这探险者干酪可是一个另类，常吃干酪的朋友一定要尝一尝。

小贴士 最好要选择酒体较轻的果味红葡萄酒或桃红葡萄酒。这样，探险者干酪所具有的润滑感和咸味与温和的葡萄酒味才能相辅相成，用它与鱼肉等制成开胃饼干或烤面包也十分美味。

工业干酪的先驱者

卡普里斯天神干酪 Caprice des Dieux

简介

类别： 白霉干酪
原产地： 法国香槟地区
原料奶： 在牛奶中添加奶油
脂肪含量： 60%
外形： 厚椭圆形，重210g
季节： 整年

小贴士 所有的红葡萄酒和桃红葡萄酒与卡普里斯天神干酪都很相配，较轻的酒体更能凸显出它的美味。如果是白葡萄酒，则应选择果味型的。除了直接食用以外，您可以将其切开配上沙拉，或放在咸饼干上制成餐前的开胃饼干。

1956年发明的卡普里斯天神干酪是工业干酪的先驱者。它属于“二重奶油”，口感温和而润滑，几乎没有酸味和咸味。“Caprice des Dieux”的字面意思是“诸神的心血来潮”。蓝色的椭圆形外包装上画着天使的图案，吸引着消费者的眼球。

适合作为礼物的马蹄形干酪

幸运干酪 Baraka

在欧洲，马蹄是幸福的象征，这款马蹄形的干酪最适合作为礼物为人带去幸福。其口味润滑清淡，虽略带咸味，却十分爽口。微微的余味令人神清气爽。其表面包裹着的像天鹅绒似的白色真菌也很赏心悦目。

简介

类别： 白霉干酪
原产地： 法国巴黎大区
原料奶： 牛奶
脂肪含量： 70%
外形： 马蹄形，重200g
季节： 整年

小贴士 推荐与酒体轻的果味红葡萄酒以及辛辣的白葡萄酒相配。与长棍面包和添加了葡萄干的面包一起食用相当美味。您还可以利用它独特的外形，与苹果、葡萄等时令水果一起作为招待客人的甜品。

麦秸圆干酪 Tuma dla Paja

简介

类别： 白霉干酪
原产地： 意大利皮埃蒙特大区
原料奶： 在牛奶和羊奶中添加奶油
脂肪含量： 65%
外形： 直径约12cm，高约3cm，重280g
季节： 2~7月

●沿袭传统的麦秸包装

“Tuma”是“圆干酪”的意思，“Paja”是“麦秸”的意思。这款干酪的故乡是位于意大利西北部皮埃蒙特大区的朗垓地区，那里也是著名的葡萄酒产地。据说干酪的制作在该地区十分普及，家家户户都会做好几种干酪。

一般来说，家庭自制传承下来的干酪倘若不进入市场的话，就会渐渐消失。考虑到这一点，这款再现传统制法的干酪便十分难得。其表面有麦秸勒过的痕迹，外包装纸上也绑着麦秸，这些都是传统的印记，因为以前这种干酪是放在麦秸上成熟的。

麦秸圆干酪的用料包括牛奶、羊奶，还有羊奶制成的鲜奶油。温和高雅的口味与润滑的舌尖触感是其魅力所在。同时，榛子的风味与香草的微香为其增加了深味。成熟之后，其内里呈流动的糊糊状。

小贴士 皮埃蒙特大区当地产的红葡萄酒是麦秸圆干酪的黄金搭档。若要品尝干酪的原味，则应与长棍面包相配。因其味温和，配上洋梨或苹果稍稍变化一下，也是一款不错的甜品。

Part 3 洗浸干酪

Washed Rind Cheeses

洗浸干酪常常因其浓烈的膻味令许多人敬而远之。其实，它真正吃起来却出人意料的温和可口，足以令人上瘾。像精炼夏布利干酪，它的表面用当地的好酒洗浸之后，再与葡萄酒搭配食用，更能使美味加倍。

散发着牛奶的甘甜浓香

曼斯特干酪 Munster

简介

别名： 曼斯特·杰罗美干酪（Munster-Géromé）
类别： 洗浸干酪
原产地： 法国阿尔萨斯地区和洛林地区
原料奶： 牛奶
脂肪含量： 不低于45%
外形： 直径13~19cm，高2.4~8cm，重450g以上
季节： 整年。农家自制的一般在夏季和秋季

●起源于修道士制作的干酪

别看这款干酪散发着强烈的独特气味，真正吃起来却比较清淡。其口感黏糯润滑，微甜的奶味与留在鼻间的余香足以令人沉醉。

曼斯特干酪源于7世纪，在法国干酪中，它的历史算是相当悠久的。当时，有一群修道士在位于德法边境阿尔萨斯地区孚日山脉下的曼斯特峡谷处定居下来，在那儿开山放牛，然后开始用牛奶制作干酪。

●名字随产地而变化

到了14世纪，曼斯特干酪在法国变得广为人知，阿尔萨斯地区到洛林地区的人们都开始制作这种干酪。现今，孚日山脉的东侧和西侧依然还在继续制作曼斯特干酪，不过名字有所差异。东侧阿尔萨斯地区将其称为“曼斯特干酪”，而西侧洛林地区则借用那里的干酪制作中心——杰罗美镇的名字，将其称为“曼斯特·杰罗美干酪”。

这种干酪洗浸的次数较多，虽有强烈的香气，但吃起来比较硬实。与其将它与面包搭配，不如把它放进菜肴中。在当地，人们都习惯把它与香芹籽（香草的一种）一起食用。因为香草的清香既能缓解干酪的膻味，又有助于消化。市场上有些曼斯特干酪里面就有香芹籽。

小包装的曼斯特干酪（或曼斯特·杰罗美干酪）约为120克，吃起来很方便。

小贴士 一般来说洗浸干酪配的都是红葡萄酒，不过曼斯特干酪最好配上阿尔萨斯产的白葡萄酒。与刚煮出来的土豆一起食用也十分美味。

上架销售即预示着秋天的到来

蒙道尔干酪 Mont d'Or

简 介

别名： 奥多牛奶干酪（Vacherin du Haut-Doubs）
类别： 洗浸干酪
原产地： 法国弗朗什—孔泰地区
原料奶： 牛奶
脂肪含量： 不低于45%
外形： 直径12~30cm，高4~5cm，重0.5~1kg或1.8~3kg
季节： 秋季至春季

法国与瑞士的原产地之争

这款干酪诞生于法国与瑞士边境交界的蒙道尔一带，故而得名。“Mont d'Or”在法语中直译为“金色山林”，这座山峰属于汝拉山脉的一部分。实际上，山脉两侧的法国和瑞士都生产过类似的干酪，到底哪里才是蒙道尔干酪的故乡，一直颇有争议。但就产量来说，法国远远大于瑞士。

因云杉而产生的独特风味

云杉在蒙道尔干酪的制作过程中有相当重要的作用，甚至成为了此干酪最大的特点。这种干酪需要先用云杉叶卷起固定，接着放在云杉制成的架子上洗浸成熟，然后装进云杉制成的箱子里运往销售地。云杉使其温和浓厚的奶香中增添了独特的风味，杉木的香味令人心旷神怡，宛如置身于深邃的山林之中。

蒙道尔干酪被誉为“干酪中的珍珠”，于每年的8月15日至翌年的3月末制作，其中最佳的制作期限为11~12月。法国人说，只要看见蒙道尔干酪上架，就能感觉到秋季来临了。这种干酪与季节的微妙关联，也算是一种法国特色吧。

小贴士

直接舀着吃是最美味的。剩下一半的时候，可以在里面加入些蒜末和白葡萄酒，然后撒上面包粉，用烤箱烤制，便成为了寒冬中的美味佳肴了。在酒类中，白葡萄酒是它的好伙伴。

以第二次挤出的牛奶为原料，拥有阿尔卑斯代表性的醇厚滋味

勒布罗匈干酪 Reblochon

简介

类别： 洗浸干酪
原产地： 法国萨瓦地区
原料奶： 牛奶
脂肪含量： 不低于45%
外形： 直径约14cm，高约3.5cm，重450~550g。小包装（小勒布罗匈·萨瓦干酪或小勒布罗匈干酪）直径约9cm，高约3cm，重240~280g
季节： 整年。夏季和秋季最佳

●用第二次挤出的牛奶制成的干酪

“Reblochon”是“再挤一次”的意思。过去那些租地放牛的牧民们都是根据奶牛产奶量的多少来支付租金的。于是当农场主来巡视时，有心计的农民们便故意不把所有的牛奶挤出来，等农场主走后再偷偷地挤出剩余的牛奶。用这些牛奶制成的干酪被称为“勒布罗匈干酪”。

这种第二次挤出来的牛奶要比第一次的浓，因此一旦将勒布罗匈干酪含在嘴里，温和的奶味便在口中弥漫开来。初出茅庐的它现在已然成为了法国阿尔卑斯地区的代表性干酪之一。有人认为它属于半硬质干酪，但它表面经过洗浸，因此本书将其归于洗浸干酪中。它是一款十分可口的干酪，外皮和内里可直接食用。

●美味由滑雪者口口相传

现今，已获得AOC认证的勒布罗匈干酪受到了人们的广泛认可。实际上，在20世纪以前它还只是一个默默无闻的地方特产而已。后来，因为产地位于被称为“滑雪圣地”的阿尔卑斯山脉最高峰勃朗峰的山麓地带，到此滑雪的人发现了勒布罗匈干酪十分美味，便口口相传，勒布罗匈干酪的人气因此直线上升。

勒布罗匈干酪有农家制作的，也有工厂制作的。倘若包装纸上的AOC标识是绿色的，那么它就是农家制作的；倘若是红色的，就是工厂制作的。

小贴士 带着坚果微香的勒布罗匈干酪是一种非常好的饭后甜点。与榛子和松仁一起食用时美味倍增。倘若要配葡萄酒的话，最好选择微辣的白葡萄酒。

美食家钟爱的干酪极品

艾波瓦斯干酪 Epoisses

简介

类别： 洗浸干酪
原产地： 法国勃艮第地区
原料奶： 牛奶
脂肪含量： 不低于50%
外形： 大的直径16.5~19cm，高3~4.5cm，重700~1100g；小的直径9.5~11.5cm，高3~4.5cm，重250~350g
季节： 整年。特别是秋冬季

●美食家布立雅·沙瓦雷眼中的“干酪之王”

艾波瓦斯干酪具有强烈的个性，一旦尝过就十分容易上瘾，是干酪爱好者的掌上明珠。洗浸干酪中风格独特的有很多，但艾波瓦斯干酪的个性最为强烈。19世纪的美食家布立雅·沙瓦雷惊赞它为“干酪之王”，可见其美味程度不同一般。

艾波瓦斯干酪的内里柔软黏糯，呈米色。其中心部分有时会有些许白色，这表明该干酪正从外侧向内里逐渐成熟。它的表皮具有橘色的鲜艳光泽，色泽的深浅度因成熟程度而变化。艾波瓦斯干酪在制作过程中是绝对禁止使用色素的，它所带有的颜色都是由真菌在成熟过程中自然产生的。成熟的程度越高，颜色越偏红褐色。它的洗浸工序复杂而奢华，先用盐水清洗表面，然后在盐水中加入当地的名酒马尔·勃艮第酒（一种用葡萄酒的余料制作的蒸馏酒）洗浸数遍，每遍都要依次提高勃艮第酒在盐水中的比例，最后再用纯蒸馏酒洗浸。

●历经两次世界大战洗礼的美味

16世纪初，艾波瓦斯干酪诞生于法国西妥会（The Cistercian）的修道士之手。20世纪之后经历了两次世界大战的洗礼，濒临失传，后来总算渡过了危机。现在的艾波瓦斯干酪几乎都是工业化生产的。

那么，什么时候的艾波瓦斯干酪才是最好吃的呢？在冬季，应该等它充分成熟之后用勺子舀着吃。到了夏季，趁它熟透之前吃最美味。

小贴士 用勺子直接舀着吃是最好的。至于葡萄酒，应选择酒体较重者，勃艮第地区的红葡萄酒最佳。香槟与它也十分相配。

艾波瓦斯干酪的好伙伴

夏布利精炼干酪/斯曼多兰干酪/香贝丹之友

这里将那些与艾波瓦斯干酪相类似或仿照它制作的干酪归在一起，为大家逐一介绍。这三款干酪都应当在食用前放在常温下软化，然后用勺子舀着吃。

小贴士 香贝丹之友应当与香贝丹酒一起食用。夏布利精炼干酪则与夏布利酒搭配最为恰当。斯曼多兰干酪最好选择勃艮第地区的醇香红葡萄酒搭配。

香贝丹之友

夏布利精炼干酪　　斯曼多兰干酪

名酒夏布利洗浸后的醇美滋味

夏布利精炼干酪 Affiné au Chablis

简介

类别： 洗浸干酪
原产地： 法国勃艮第地区
原料奶： 牛奶
脂肪含量： 40%~59%
外形： 直径8.5cm，高3.5cm，重约200g
季节： 整年。特别是秋冬季

如果您是一位爱酒者，那么这款干酪一定会让您爱不释手。用勃艮第地区的夏布利酒洗浸后，这种干酪有着极其浓郁的香气，味道醇厚有深度，个性比较鲜明。其表面呈润滑的糊状，而且在成熟过程中，内里会逐渐散发出特有的强烈气味。当然，夏布利酒与它的默契不言而喻。

黏糯可口的魅力

斯曼多兰干酪 Soumaintrain

简 介

类别： 洗浸干酪
原产地： 法国勃艮第地区
原料奶： 牛奶
脂肪含量： 不低于45%
外形： 直径10～13cm，高3~4cm，重约350g
季节： 春季至秋季

在勃艮第地区的荣纳省，有一个小村庄名为“斯曼多兰”。在此生产的干酪不仅可口，而且颇具洗浸干酪的个性。最近人们似乎更加偏爱口味温和的干酪，这就是其中的一款。在成熟的过程中，它会渐渐带上洗浸干酪特有的味道，但并不是很浓烈。

干酪与葡萄酒的强强联合

香贝丹之友 L'ami du Chambertin

简 介

类别： 洗浸干酪
原产地： 法国勃艮第地区
原料奶： 牛奶
脂肪含量： 不低于50%
外形： 直径约9cm，高4cm，重约250g
季节： 整年

这款干酪是仿照艾波瓦斯干酪制成的。“L'ami”中的“ami”在法语中是“朋友”的意思。“香贝丹”是勃艮第地区的代表性红酒，当年备受拿破仑的喜爱。这款干酪是香贝丹酒的绝佳伴侣。

皮丹洛娃干酪 Pié d'Angloys

简介

类别： 洗浸干酪
原产地： 法国勃艮第地区
原料奶： 牛奶
脂肪含量： 62%
外形： 圆盘状，重200g
季节： 整年

●亲和力较高的洗浸干酪

这款干酪具有洗浸干酪特有的强烈气味，清淡可口，备受欢迎。它比卡蒙贝尔干酪还要使人易于接受，价位中等，特别适合初尝者。其可口的秘诀在于其表面用盐水洗过之后，还要再用无盐水洗净，因此没有洗浸干酪那种黏糊糊的感觉。皮丹洛娃干酪的脂肪含量高，表皮柔软，具有相当的亲和力。

小贴士 皮丹洛娃干酪十分柔软，几乎可以像黄油那样涂在面包上。可以涂在长棍面包或裸麦面包上食用。它与夏布利等辛辣的白葡萄酒之间有着很好的默契。配上新鲜的红葡萄酒也十分美味。

再为初尝者推荐一款

卢瓦石干酪 Galet de la Loire

●与卡蒙贝尔干酪一样可口的人气干酪

“Galet”就是“小石子”的意思。其全称翻译过来是“卢瓦河的小石子”。这款干酪看上去酷似卡蒙贝尔干酪，是洗浸干酪中比较润滑可口的一款。它带着牛奶的自然甘甜，使人很容易接受。倘若您觉得它的表皮太硬，可以去皮食用。

历史悠久的法国干酪，味道既醇厚又温和

邦勒维克干酪 Pont L'évêque

简介

类别： 洗浸干酪
原产地： 法国，主要是欧吉地区
原料奶： 牛奶
脂肪含量： 45%
外形： 边长10.5~11.5cm，高约3cm，重350~400g
季节： 整年。最好是3月中旬至6月

●诺曼底地区最古老的干酪

诺曼底地区诞生了为数众多的干酪，邦勒维克干酪就是其中的一员。即使是初尝者，也能很容易地接受这款温和的洗浸干酪。

邦勒维克干酪有着悠久的历史，诞生于7世纪的旅游胜地多维耶的修道院，12世纪就已经享有盛誉。当时，它被称作“安杰罗”，到了16世纪才用其产地邦勒维克来命名。

许多人都说自己是因为邦勒维克干酪才对法国干酪感兴趣的。也许是由于它不仅温和可口而且充满醇厚风味的缘故吧。其内里丰满略有弹性，口感很好。倘若您不太喜欢它硬实的外皮的话，可以去皮食用。

AOC

小贴士 可以与任何一种葡萄酒搭配，尤其是酒体中等或酒体较重、口味醇厚的红葡萄酒。与当地的苹果酒也有很好的默契。另外，还可以与法国乡村面包或煎蛋卷一起食用。

朗格勒干酪 Langres

简介

类别： 洗浸干酪
原产地： 法国香槟地区朗格勒高原
原料奶： 牛奶
脂肪含量： 不低于50%
外形： 大的直径16~20cm，高5~7cm，重800g以上；小的直径7.5~9cm，高4~6cm，重150g以上
季节： 整年

AOC

●上部凹陷，形状独特

这款干酪的特别之处在于它的外形。其上部有凹陷处，被称为“泉眼”，让人很容易就能认出它来。一般干酪都是膨胀起来的，而它却是凹下去的，实在有些另类。这款干酪在成熟的过程中一次也没有“翻身”过，由于重力的作用便产生了凹陷。“干酪通”都喜欢在里面注入些香槟或马尔酒，待其成熟。白色的干酪在成熟过程中逐渐变成黄色、橙色，最后变成红褐色。

另外，丝滑的口感也是朗格勒干酪的一大特征。洗浸干酪给人的感觉都是膏状的，而它入口即化，味道浓郁。其中咸味刺激着舌根，起到收敛的作用。

小贴士 刚才讲到，“干酪通”喜欢在里面注入些香槟或马尔酒，待其成熟。这些香槟或马尔酒与朗格勒干酪十分合得来。酒体较重的酒类与它那醇厚的味道也特别相配。

香味愈浓滋味愈深，适合对干酪比较熟悉者

利瓦罗干酪 Livarot

简介

类别： 洗浸干酪
原产地： 法国诺曼底地区
原料奶： 牛奶
脂肪含量： 不低于40%
外形： 内径不小于12cm，高4~5cm，重约450g。另外还有3种小包装
季节： 整年

●充满个性的味道，让您爱上干酪

能够喜欢这款干酪的朋友，肯定对干酪有相当好的感情。这款干酪有可口的一面，但也会发出刺鼻的气味。

制成后的5~6周是利瓦罗干酪的最佳食用期。因为这个时候它成熟得恰到好处。一旦过了这个期限，里面的苦味就会变重，其美味程度也会大打折扣。它的表皮和内里都比较干燥、硬实，在成熟的过程中会慢慢变软。

利瓦罗干酪最大的特征是口感丰满有弹性，另外，在其侧面还会缠绕薹草（芦草的一种）。以前这些薹草的作用主要是防止干酪变形，现在只是用来装饰，很多情况下被纸带所替代。

AOC

小贴士 对于这种个性强烈的干酪，应当选择那些酒体沉重的红葡萄酒或当地的苹果烧酒与之相配。面包也要选择沉甸甸、分量足的那种，比如法国乡村面包就很好。

浓郁的风味适合与啤酒或苹果酒搭配

马罗瓦尔干酪 Maroilles

简介

别名： 马罗尔干酪（Marolles）
类别： 洗浸干酪
原产地： 法国醍尔罗休地区
原料奶： 牛奶
脂肪含量： 不低于45%
外形： 边长12.5~13cm，高约6cm，重约700g
季节： 夏季至冬季

●备受历代法国国王宠爱的干酪

这是一款有着悠久历史，能够代表法国北部、具有强烈风格的干酪。其诞生地马罗瓦尔村距离法国与比利时的边境仅有约30千米的路程。这个村庄里有一个以基督教为核心的修道院，马罗瓦尔干酪就是由修道士发明的。

马罗瓦尔干酪有着1000多年的历史，历代法国国王都是它的“粉丝”。特别是亨利四世，对其宠爱有加，于是当时的人们盛赞马罗瓦尔干酪为“马罗瓦尔的杰作”。

马罗瓦尔干酪的外皮呈偏红的茶色，这是成熟过程中的真菌自然形成的，其独特的强烈气味也拜这些真菌所赐。马罗瓦尔干酪有四种不同的型号：最大的达700克，中号的为其3/4，小号的为其1/2，极小号的仅有其1/4。一般来说，表皮湿润的大号干酪最好吃。

小贴士 也许是由于邻近比利时的缘故，这款干酪与啤酒之间有着惊人的默契。另外，它与苹果酒以及酒体较重的红葡萄酒也很相配。据说当地人还与咖啡或是杜松子酒一起食用。同时，他们还用马罗瓦尔干酪制成当地特产的点心——马罗瓦尔蛋挞。

口感温和，即使成熟也不会变得黏糊

南特干酪 Nantais

简 介

别名： 神甫干酪（Curé）/神甫·南特干酪（Curé Nantais）/“神甫”干酪（Nantais dit fromage du Curé）
类别： 洗浸干酪
原产地： 法国布列塔尼地区
原料奶： 牛奶
脂肪含量： 40%
外形： 边长8～9cm，高2.5~3cm，重170~200g
季节： 整年

●司祭制作的特色干酪

1794年法国大革命期间，一位司祭（神甫）在战火中逃难到南特镇，于是就在此开始制作干酪。他制作的干酪被称为“神甫·南特干酪”或“南特干酪”。

据说，这款干酪原来具有极其浓烈的风味，随着时代的变迁，工厂生产逐渐取代了手工制作，其口味也变得温和起来。它的表皮具有洗浸干酪黏糊糊的感觉，但入口之后您会发现其口感较温和，并且丰满有弹性。这种干酪即使成熟之后也不会变得黏糊。

南特干酪为圆角的四方形，表皮呈橙色，添加了奶油的内里有些许气孔。它是法国北部布列塔尼地区的代表性干酪。

小贴士 南特干酪可以与法国乡村面包一起吃，也可以用来烹饪土豆类的菜肴。葡萄酒则推荐南特产的密斯佳干白。其他酒体圆润的白葡萄酒与它也十分相配。

山间的洗浸干酪，有着意大利人引以为豪的质朴味道

塔雷吉欧干酪 Taleggio

简介

类别： 洗浸干酪
原产地： 意大利皮埃蒙特大区的韦巴诺-库西奥-奥索拉、诺瓦拉各省，伦巴底大区的科摩、拉科、贝加莫、布雷西亚、克雷莫纳、洛迪、米兰、帕维亚各省，以及威尼托大区的特里维索省
原料奶： 牛奶
脂肪含量： 不低于48%
外形： 边长18~25cm，高5~7cm，重1.7~2.2kg
季节： 整年

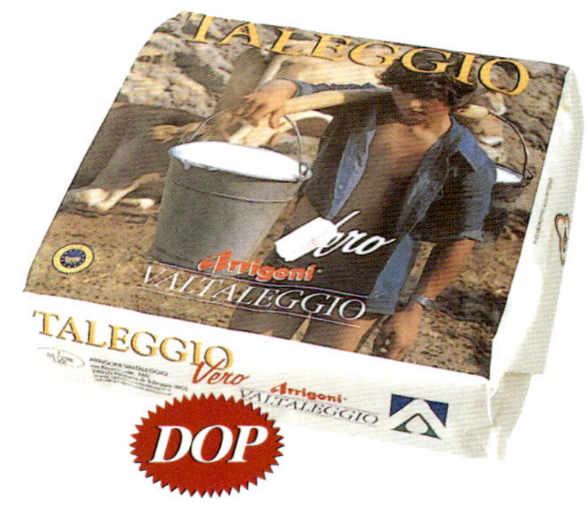

●推荐给初尝者的温和干酪

那些难以接受洗浸干酪的朋友，看到这款干酪应该不再皱眉。这款意大利洗浸干酪的代表与法国的同类产品相比，味道要温和得多。它高雅的风味中带着淡淡的酸味，使它平易近人。口感柔软，略呈糊状，入口后美妙的滋味在口中弥漫，令人心满意足。

●纪念旅途漫长和艰辛的干酪

塔雷吉欧干酪的起源可以追溯到5~6世纪。过去它被称为“Stracchino（斯特拉希诺）”，并且还有一段趣事流传下来。“Stracchino”在意大利语中是“疲惫”的意思。过去，在阿尔卑斯山麓的牛群要到乡村里去躲避严酷的寒冬，在途中有人制作了这款干酪。为了形容旅途的漫长和艰辛，于是人们便给它起了这个名字。第一次世界大战后，它才根据产地塔雷吉欧溪谷改名为“塔雷吉欧”。

现在的塔雷吉欧干酪几乎都是工厂制作的。米兰北部和波河流域的干酪工厂一年四季均有塔雷吉欧干酪出产。不过，您若是想吃到最高级的塔雷吉欧干酪，那就必须去塔雷吉欧溪谷。农家用鲜奶自制的“山间塔雷吉欧”更加美味。充分成熟的塔雷吉欧干酪不仅滋味浓厚而且还带着果味的芳香。其内里呈淡米色，外观呈浅至明亮的橙色，深至茶色，并混有些许蓝色的霉菌。它的口感润滑，十分柔软，是一款极其可口的干酪。

小贴士 这里推荐醇厚的红葡萄酒与它相配。将其切成小片，加到水果中，也能成为一道不错的甜品。特别是荔枝和杨桃与它一起食用能产生别样的风味。另外，它还可以用于意大利通心粉或煨饭中。

专栏　干酪食用小窍门①

干酪的切法

干酪的切割方法并没有规定，不过切的时候应当尽量使每一块的味道相同。例如，除蓝纹干酪以外的其他干酪都是从周围向中心成熟，因此最好要在体积均等的基础上做到每一块既有边缘又有中心。另外，对欧洲人来说一块在20~30g（相当于250g卡蒙贝尔干酪的1/8），对亚洲人来说则应该减半（10~15g）。

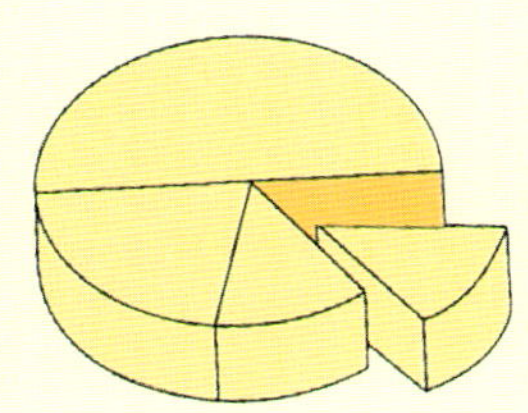

像卡蒙贝尔干酪那样圆盘状的干酪只需像切蛋糕那样绕着圆心切开

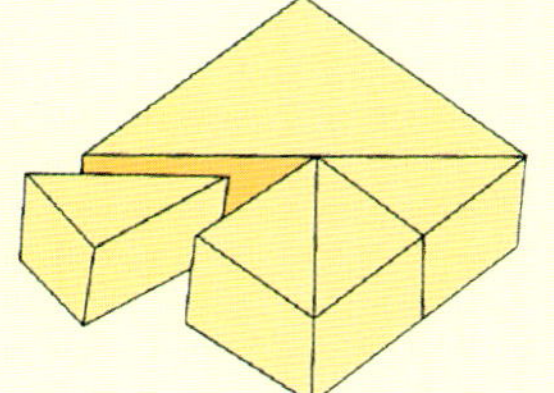

像邦勒维克干酪那样方形的干酪应该以对角线的交点为中心切开

金字塔形的干酪可以先沿对角线纵向切成两半，然后均分

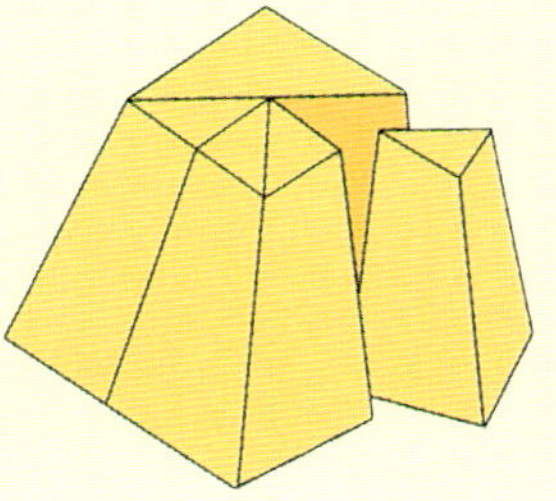

像布里干酪这样的大个头就这样切

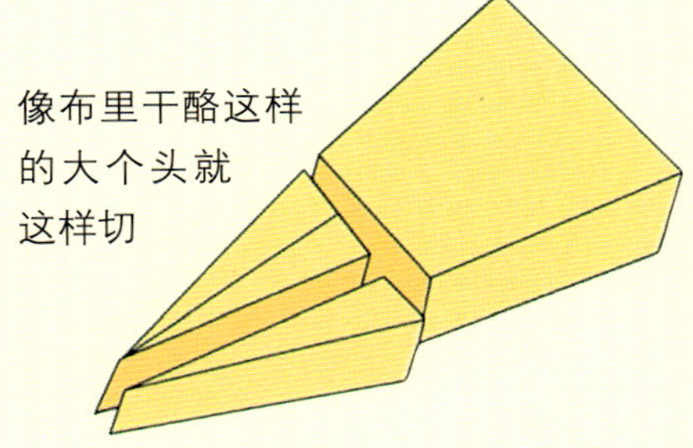

像圣莫尔都兰干酪那样圆筒状的干酪可以从一端开始切片。注意先将里头的麦秸拿掉

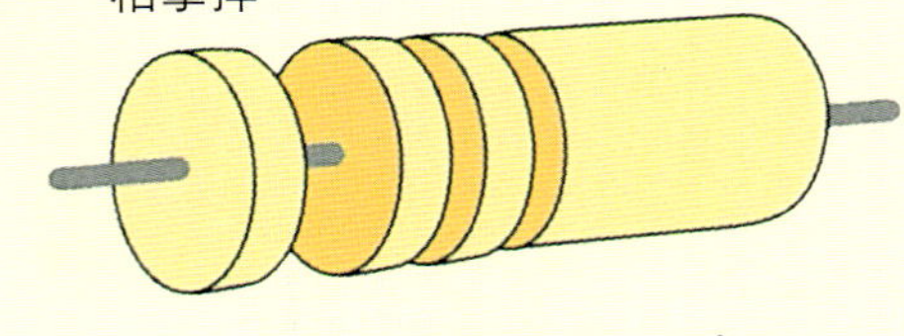

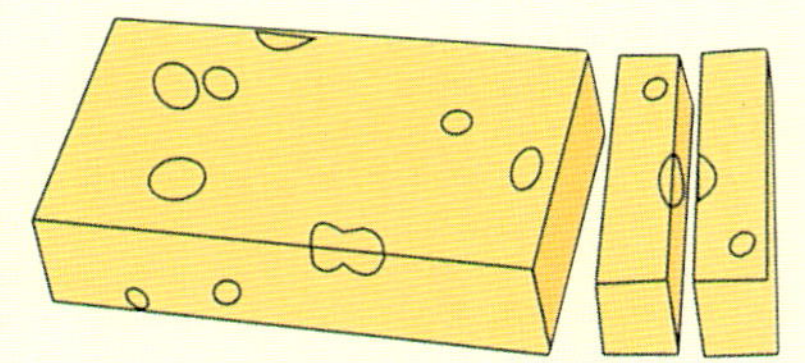

切片销售的半硬质和硬质干酪则从一端切成条形

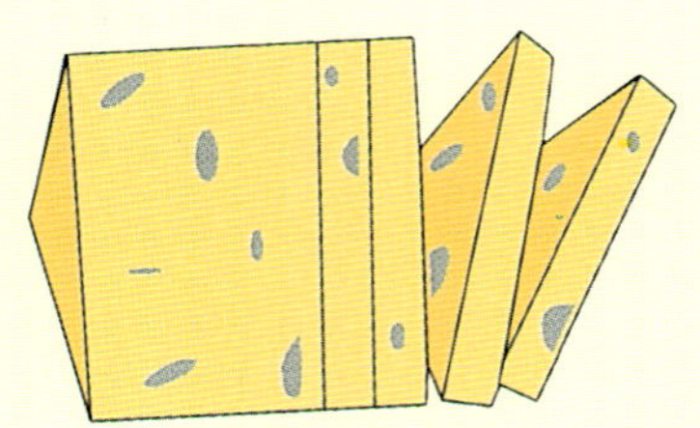

切割蓝纹干酪时要注意使每片的蓝纹均等

Part 4 山羊和绵羊干酪

Goat's and Sheep's Milk Cheeses

接下来将要介绍的是山羊干酪和绵羊干酪。山羊干酪具有独特的酸味和清淡的余味，绵羊干酪香味浓郁，口感黏糯，再配上酒体较重的葡萄酒，别有一番风味。

在麦秸上标有厂商号码的山羊干酪

圣莫尔都兰干酪 Sainte-Maure de Touraine ★★☆

简介

类别： 山羊干酪
原产地： 法国都兰地区
原料奶： 山羊奶
脂肪含量： 不低于45%
外形： 一端稍窄的棒状，重约250g
季节： 整年。农家自制的一般在春季至秋季

●通过中心的麦秸来辨别真伪

法国卢瓦河沿岸是山羊干酪的著名产地，那里的干酪中最富盛名的要数圣莫尔都兰干酪。这款干酪风味清爽，山羊奶的酸味与醇和的奶味在它那里都得到了绝妙的体现。柴薪般的外形有趣可爱，吸引了不少人的眼球。

圣莫尔都兰干酪的中心都有一根麦秸穿过。本来这根麦秸是用来透气和防止变形的，后来AOC在麦秸上大做文章，对其规定进行了调整：从1999年1月开始，所有的圣莫尔都兰干酪厂商都有义务在其中心穿过一根麦秸，并且在上面印上该厂商的号码。从那以后，有心人都会发现，在圣莫尔都兰干酪中心的麦秸上密密麻麻地印着一排号码，通过这些号码可以辨别干酪的真伪。

●食用时先拔除麦秸

若计划一次性吃完整根干酪，可以先拔除麦秸然后切片食用。传统的吃法要先将较粗的那一端留出1厘米，然后依次食用。成熟后的圣莫尔都兰干酪直接切片即可，无需拔除麦秸。

新鲜的圣莫尔都兰干酪十分可口，在成熟的过程中，其周围的木炭粉会由黑转灰，从开始成熟起的3周后是它的最佳食用期。这时它的内里湿润，强烈的羊膻味里面隐隐透出些许酸味，产生醇和的风味。进一步成熟后它还会散发出榛子的香味。

小贴士 圣莫尔都兰干酪的最佳搭档是核桃面包和法国的红葡萄酒希侬（Chinon）。这个组合虽然简单，但其中能够体味出的深意却是无可替代的。如果希侬酒不易买到，也可以换成其他香味浓郁的红葡萄酒。

无论成熟状态的深浅都很美味

哥洛亭达沙维翁干酪 Crottin de Chavignol ★★☆

简介

类别：山羊干酪
原产地：法国贝里地区
原料奶：山羊奶
脂肪含量：不低于45%
外形：直径4～5cm，高3～4cm，重60～110g
季节：整年。农家自制的一般在春季至秋季

右前方是普通的哥洛亭干酪；左边是带有蓝纹的Affine干酪；后边是正在成熟的“卢帕瑟”

●因新式烹调法（nouvelle cuisine）而有名

将新鲜的哥洛亭干酪加在热腾腾的烤蔬菜上面，便成为了著名的哥洛亭沙拉。借着它的美名，这款干酪也一跃成为众人关注的干酪“明星”。哥洛亭干酪经过烤制后，羊膻味变淡，于是这道可口的沙拉在那些提倡新式烹调法的法国菜馆里成为了一道必点的特色菜。

也许是对哥洛亭沙拉比较熟悉的缘故，很多亚洲人偏爱未成熟的哥洛亭干酪。实际上在法国当地，成熟了的哥洛亭干酪才是最受欢迎的。人们常常耐着性子等到上面长出真菌才肯拿来吃。倘若真菌是白色、新鲜的，那么干酪的味道则清爽可口。随着成熟程度的加剧，它的美味倍增，山羊奶的味道更为浓重，甚至透出些许栗子味，就像在吃着一个热乎乎的烤栗子。

●它的名字居然有这个意思！

成熟程度不同，哥洛亭干酪的口味也会有所差异。因此，不少店铺都会在货架上摆上各式各样的哥洛亭干酪。根据成熟的阶段，大致可以分为新鲜、半干燥、干燥三种，另外还有装在坛子里成熟的“卢帕瑟”。总之，您品尝得越多，就越能体会到这款干酪的深不可测。

“Crottin”这个名字来源于一种叫“Crot”的火锅油灯。因为过去人们用陶器来制作哥洛亭干酪，而这种陶器的形状与“Crot”十分相像。不过，“Crottin”还有“马粪”、“羊粪”的意思，有点儿令人瞠目。

小贴士 这款干酪与桑塞尔葡萄酒之间有着惊人的默契。成熟前与桑塞尔白葡萄酒相配，成熟后与桑塞尔红葡萄酒相配。直接切开吃其实也相当美味。您还可以试着把它稍微烤一下，加在蔬菜沙拉上尝一尝。

润滑多脂，因其外形被称为“埃菲尔铁塔”

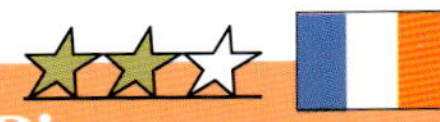

珀里尼圣皮耶干酪 Pouligny Saint-Pierre

简介

类别： 山羊干酪
原产地： 法国贝里地区
原料奶： 山羊奶
脂肪含量： 不低于45%
外形： 底部为正方形，边长不小于6.5cm，上部一边小于2.5cm，高8~9cm，重250g
季节： 整年。农家自制的一般在春季至秋季

●人们熟知的爱称——“埃菲尔铁塔”

看着珀里尼圣皮耶干酪那精巧的外形，人们送给它一个昵称——“埃菲尔铁塔”。对烹饪比较精通的人看到“圣皮耶”这个名字，也许会联想起高级法国菜中的“海鲂”。不过“珀里尼圣皮耶”实际上是法国贝里地区一个小村庄的名字，也就是珀里尼圣皮耶干酪的原产地。这款干酪盐分较少，虽然酸味强烈，但口感润滑，山羊的膻味也比较淡，吃不惯山羊干酪的朋友不妨试一试。

珀里尼圣皮耶干酪的表皮较薄，内里湿润，成熟前呈象牙色，成熟约5周后，其表面会蒙上一层薄薄的真菌，这时食用最佳。再进一步成熟，这些真菌就会变黑，里面的盐分与山羊奶味凝缩，符合一些人的口味。绿色标签代表农家自制的，红色标签代表工厂制作的。

AOC

小贴士 果味的白葡萄酒，或是酒体较轻的红葡萄酒才能配得上它温和的口味。您还可以把它放在面包上制成烤面包。刚开始成熟的时候，也可以切成小块放到沙拉里去。

山羊干酪原产地卢瓦河地区诞生的杰作

圣苏歇尔干酪 Selles-sur-Cher

简介

类别： 山羊干酪
原产地： 法国贝里地区
原料奶： 山羊奶
脂肪含量： 不低于45%
外形： 底部直径约8cm，上部直径约7cm，高2~3cm，重约150g
季节： 整年。农家自制的一般在春季至秋季

●山羊干酪中的经典

著名的圣苏歇尔干酪一直被认为是山羊干酪中的经典。它不仅赋予人们细腻温和的口感，而且能够使人充分感受到山羊干酪的独特风味。微微的甘甜与恰到好处的咸味，使这种风味更加出色，在品尝者的口中留下隐约的余味。

圣苏歇尔干酪的表面较干，涂有一层混着盐的白杨木炭粉。在成熟的过程中，其表面会产生细腻的褶皱，黑色的木炭粉逐渐变灰。用手触其表面，倘若有干巴巴的感觉，说明它已经成熟到最佳食用期了。与干燥的表皮相反，其内里净白，并有相当多的水分。表皮也可以放心食用。

这款干酪的原产地位于卢瓦河的支流——歇尔河一带，处于卢瓦河的中游流域，美丽的田园中点缀着些许都市风景。该地也因出产各式山羊干酪而闻名，有机会的话不妨实地尝一尝。

小贴士 它可以与葡萄干、坚果、草莓，特别是面包一起食用。或者放在咸饼干上，作为餐前的开胃小菜。辛辣的白葡萄酒、果味的红葡萄酒也是它的好搭档。

成熟后滋味浓烈，具有刺激性

皮克墩干酪 Picodon

简介

类别：山羊干酪
原产地：法国维瓦赖地区和多菲内地区
原料奶：山羊奶
脂肪含量：不低于45%
外形：直径5~8cm，高1~3cm，重50~100g
季节：整年。农家自制的一般在春季至秋季

●大福饼的微缩版

山羊干酪的质地比较脆，容易散碎，因此个头都比较小，在干酪中算得上是小个子中的小个子。

皮克墩干酪的内里呈乳白色，外面天然地包裹着一层薄薄的白色真菌，简直就是大福饼的微缩版。在成熟的过程中，其外皮会逐渐变得干燥、硬实。与其他的山羊干酪相比，它的奶味醇厚，还带着微微的甘甜。“Picodon”来源于普罗旺斯语中的“Pican（刺激性的）”。随着成熟的不断加深，其味道逐渐变浓，产生出具有刺激性的辛辣味，成为真正的“Picodon”。有的人喜欢将它放置1~3个月，待其完全成熟再食用。不过放置2~4周并未充分成熟的皮克墩干酪更受欢迎。

小贴士 适合与浓郁的辣味白葡萄酒或酒体中等的红葡萄酒搭配。如果成熟程度较高，则配上醇厚的红葡萄酒才够劲儿。另外它还可以与芹菜等蔬菜同食。

像小零食一样怎么也吃不腻的小块干酪

罗卡马杜尔干酪 Rocamadour

简 介

类别：山羊干酪
原产地：法国凯尔西地区
原料奶：山羊奶
脂肪含量：45%
外形：直径4～6cm，高1~1.5cm，重30~40g
季节：春季至秋季

●购买后应尽快食用

它曾经有一个很长的名字：卡贝库·罗卡马杜尔干酪。“卡贝库”在普罗旺斯语中是“小块山羊干酪”的意思，有许多干酪的名字里都有这个前缀，为了避免混淆，1996年取得AOC认证之后它便被简化为“罗卡马杜尔干酪”。

这款干酪不同于普通的山羊干酪，口感润滑，没有怪味，散发着牛奶温和的香气。

罗卡马杜尔干酪在制成7~10天后，表面会像撒了一层薄粉似的，在这种状态下食用风味最佳。刚出产的罗卡马杜尔干酪千里迢迢被运送到中国，摆上货架时正值它的最佳食用期，因此买来之后最好能立即食用。待其成熟1~2个月后就会产生刺激性的辛辣味，也值得品尝。

小贴士 倘若将它与草莓、樱桃、洋梨等新鲜水果放在一起，可以成为一道漂亮的甜点。要配葡萄酒的话，则推荐凯尔西当地产的或是法国西南部产的桃红葡萄酒、红葡萄酒等。

曾惹得拿破仑发怒的黑炭灰干酪

瓦朗塞干酪 Valençay

简介

类别： 山羊干酪
原产地： 法国贝里地区
原料奶： 山羊奶
脂肪含量： 不低于45%
外形： 上部的一边3.5~4cm，底边6~7cm，重200~250g
季节： 春季至秋季

●上部缺失的金字塔形干酪

许多山羊干酪外面都有一层木炭灰，其中属瓦朗塞干酪的木炭灰最黑、最惹眼。在成熟的过程中它的黑灰会逐渐变淡，其内里始终都是纯白色的。

这款干酪的另一个外形特征就是顶部被切去，成无顶金字塔形。关于它的形状还有一段有趣的故事：传说瓦朗塞干酪本来是金字塔形的，有一回拿破仑远征埃及不幸惨败，他看到瓦朗塞干酪时不禁勃然大怒，命手下切去干酪的上部，就成为了现在这个样子。

瓦朗塞干酪品位高雅，内里湿润，带着清爽的酸味，常被厨师用来制作干酪冷盘。淡淡的山羊奶香和爽口的味道，适合作为饭后甜点食用。

AOC

小贴士 瓦朗塞干酪成熟之后其酸味变淡，产生淡淡的甘甜和坚果的香味。也许是由于这个原因，它与果味的轻酒体辣味白葡萄酒十分相配。放了葡萄干的面包、苹果、沙拉、开胃小菜都能与其同食。

阿拉伯伊斯兰教徒留下的特产

普瓦图山羊干酪 Chabichou du Poitou

简 介

类别： 山羊干酪
原产地： 法国普瓦图地区
原料奶： 山羊奶
脂肪含量： 不低于45%
外形： 底部直径约6cm，上部直径约5cm，高约6cm，重100~150g
季节： 整年。农家自制的一般在春季至秋季

●味道浓重且辛辣

“Chabichou”中的“Chabi”在阿拉伯语中是“山羊”的意思。公元8世纪初，从阿拉伯来的伊斯兰教徒军队在法国普瓦图地区的普瓦契迎击法军，战败的伊斯兰教徒军不小心将干酪的配方遗落在那里，于是普瓦图山羊干酪便诞生了。

这款干酪的外皮较薄，成熟前为白色，成熟过程中则渐渐变成黄色，然后变成茶色甚至蓝灰色。其内里细腻，呈高雅的灰白色。它的口感与其他山羊干酪比起来，味道比较厚重并带有辣味。

现在的普瓦图山羊干酪呈上小下大的圆锥形，类似秤砣，这种形状于1990年取得AOC认证时得到统一。过去，普瓦图山羊干酪的形状可是五花八门的。

小贴士 这里推荐普瓦图当地产的或是附近的波尔多产的高级辣味白葡萄酒与之相配。另外，也可以与无花果一起做成一道奢华的甜品或餐前开胃小菜。

包裹干酪的树叶增添了大自然的风味

摩泰叶子干酪 Mothais à la feuille

简 介

类别： 山羊干酪
原产地： 法国普瓦图地区
原料奶： 山羊奶
脂肪含量： 45%
外形： 直径约10cm，高约3cm，重约250g
季节： 春季至秋季

●叶子的香味清新宜人

这款干酪是盛在栗子树叶上的。具有恰到好处的山羊酸味以及清新爽口的余味。

摩泰叶子干酪的做法与成熟方式都有别于其他的山羊干酪。一般来说，山羊干酪应在通风的、湿度较低的洞窑里进行干燥成熟。相反，摩泰叶子干酪则应闷在湿度将近100%的房间里进行“油腻成熟”。而且下面还要垫上栗子树叶，以保持必要的湿度。

在湿度如此高的环境下成熟，摩泰叶子干酪的表皮会变得黏糊糊的。它的直径为10厘米，在小体积的山羊干酪中算是“中等身材”。

小贴士 这里大力推荐勃艮第地区最细腻的红葡萄酒——福雷利酒与之相配。出人意料的是，它居然与牛奶咖啡之间有着惊人的默契，也许是因为两者都比较高脂吧。

充分体现羊奶原味的干酪

夏洛莱干酪 Charolais

简介

别名： 夏洛尔干酪（Charolles）
类别： 山羊干酪
原产地： 法国勃艮第地区
原料奶： 山羊奶
脂肪含量： 45%
外形： 直径5~6cm，高7~8cm，重约200g
季节： 春季至秋季

●拥有悠长、不可思议的余味

出产于勃艮第地区。从侧面看，呈圆筒状，自然生成的蓝、白色真菌覆盖在表皮上，一看就知道它是山羊干酪。

这款干酪充分地体现出羊奶的可口原味，味道虽浓，但酸味甚少，恰到好处的咸味与淡淡的甘甜巧妙地融合在一起。品质较高者还会略透出奶油与坚果的香味。它的内里紧实有分量，余味悠长不可思议，吃完后还能细细回味许久。

说到夏洛莱，有人可能会联想到优质肉牛夏洛莱，不过夏洛莱干酪与夏洛莱牛的拼写有所不同。夏洛莱牛是“Charollais”，单词拼写中多一个“l”。

小贴士 夏洛莱干酪那复杂的味道应当配上高级的红葡萄酒。这样，干酪与葡萄酒的醇厚深味能够互相渗透，绝对是一对无可挑剔的组合。白葡萄酒的话，博若莱或马贡内都是不错的选择。

爽滑多脂，带着果味的甘甜

马贡内干酪 Mâconnais

简 介

类别： 山羊干酪
原产地： 法国勃艮第地区
原料奶： 山羊奶
脂肪含量： 45%
外形： 上部直径约4cm，底部直径4~5cm，高3~4cm，重80g
季节： 整年

●成熟程度不同，风味也各异

这款干酪产自勃艮第地区的马贡内，故而被称为“马贡内干酪”。根据成熟程度不同，其味道也会发生变化。对于山羊干酪来说，新鲜食用是最常见的。另外还有成熟3周的“半新鲜”干酪（或称为“半干燥”干酪），以及成熟6~7周的“精炼”干酪。您可以根据自己的喜好进行挑选。新鲜的马贡内干酪爽滑多脂，带着果味的甘甜，基本上没有酸味。

品尝时既可以直接入口，也可以切成小块。这种干酪变硬后味道变重，十分美味。与当地的葡萄酒搭配着食用也是一个不错的选择。

小贴士 倘若您是一位葡萄酒爱好者，那您一定对“马贡内”如雷贯耳。对，马贡内酒要比马贡内干酪有名得多。品尝马贡内干酪时一定不要忘了它那清爽的白葡萄酒“老乡”噢。

诞生于法国南部，包裹着栗树叶的干酪

巴侬干酪 Banon

简介

类别： 山羊干酪
原产地： 法国普罗旺斯地区
原料奶： 山羊奶、牛奶
脂肪含量： 45%
外形： 直径6~7cm，高2.5~3cm，重90~120g
季节： 山羊奶制成的巴侬干酪一般只有在春季至秋季才能吃得到。牛奶制成的巴侬干酪整年均有生产

●带有淡淡的白兰地酒味

这是一款拥有超高人气的山羊干酪。它产自普罗旺斯地区的巴侬高原，外面常包裹着一层栗树的叶子。

每到深秋人们就会收集足够使用一年的栗树枯叶，用醋杀菌煮软之后储存起来。制作巴侬干酪时则先将干酪在混合了水果和香草的白兰地酒中浸湿，外面包上一层栗树叶，再用椰子带绑好待其成熟，因而巴侬干酪都会带上淡淡的白兰地酒味。与其他干酪相同，它在成熟的各个阶段也会产生不同的风味。成熟前，它的味道浓重，比较硬实；在成熟的过程中则变得黏糯柔软，孕育出独特的风味，让人联想起酒糟。

AOC

小贴士 巴侬干酪用途广泛，既可以作为装饰，又可以作为主菜。成熟前宜配上辛辣的白葡萄酒，成熟后则可以与风味较浓郁的红葡萄酒同食。另外把它加到面包、水果或沙拉里也十分美味。

罗伯加利库干酪 Roves des Garrigues 

简 介

类别： 山羊干酪
原产地： 法国朗格多克地区和卢桑地区
原料奶： 山羊奶
脂肪含量： 45%
外形： 球形，重60g
季节： 春季至深秋

小贴士 罗伯加利库干酪与普罗旺斯地区的桃红葡萄酒或白葡萄酒很相配。它形状小巧、香味浓郁，直接食用最可口。您也可以撒上些香草或香料，为它变变身！

在法国南部高原有一种“罗伯”种的山羊，从小就是吃香草长大的，它们主要生活在马赛周边的地区，其他地方很难看见。这款干酪就是用“罗伯”种山羊挤出的奶，因而带着浓郁的香草味。其内里透着清爽的酸味，既有个性又十分可口。成熟后相当美味，不过这里还是推荐大家品尝新鲜的罗伯加利库干酪。初夏的它香草味悠远，到了深秋则变得干燥浓郁，两者皆令人回味无穷。

夏比葡萄干干酪 Chabis Raisins  

这是一款经过外加工的山羊干酪。干酪用料中加入了鲜奶油，口感润滑，透着甘甜。在山羊干酪的外面，还镶嵌着一层用糖浆浸过的葡萄干，使得干酪吃起来像蛋糕一样甘甜。

简 介

类别： 山羊干酪
原产地： 法国佩里戈尔地区
原料奶： 山羊奶+奶油
脂肪含量： 45%
外形： 小的圆筒形，重90g
季节： 整年

左边是罗伯加利库干酪，右边是夏比葡萄干干酪

软质绵羊干酪的典型代表，富有温和滋味

佩莱优干酪 Pérail

简介

类别： 绵羊干酪
原产地： 法国鲁埃格地区和拉札克高原
原料奶： 绵羊奶
脂肪含量： 45％~50%
外形： 直径8~10cm，高1.5~2cm，重150g
季节： 1~6月

●具有绵羊奶特有的细腻甘甜

这款干酪是为数不多的软质绵羊干酪中的典型代表。说到鲁埃格地区，人们就会想起堪称“三大蓝纹干酪”之一的洛克福干酪。其实佩莱优干酪和它是同一产地，其知名度和人气在最近几年也不断攀升。

它没有什么怪味，吃起来相当可口。待其微微成熟，呈柔软的糊状后食用最为美味。具有绵羊奶特有的细腻甘甜，即使成熟之后也不会产生刺激性的味道。刚咬下一口，那飘逸的奶香顿时在口中弥漫开来。余味清爽，不易吃腻。倘若佩莱优干酪还是新鲜的，您可以在外面裹上一层保鲜膜，促进其成熟。它白里透黄的外观给人以温和高雅的感觉。

小贴士 可以直接吃，也可以把糨糊状的内里涂在面包上食用，只要能保留它的原味就好。葡萄酒最好选择勃艮第地区的博若莱红葡萄酒。

科西嘉岛孕育的绵羊奶，堪称香草的盛宴

丛林之花干酪 Fleur du Maquis

简介

类别： 绵羊干酪
原产地： 法国科西嘉岛
原料奶： 绵羊奶
脂肪含量： 不定
外形： 直径10~12cm，高5~6cm，重600~700g
季节： 冬季至夏季

●包裹着众多香草的绵羊干酪

这款干酪凭着独特的外观在众多干酪中脱颖而出。它产自科西嘉岛，外面包裹着迷迭香、风轮菜、胡椒等香草，上面还点缀着红辣椒和杜松子。

绵羊奶制成的内里本身具有浓郁的奶香，在加上周围包裹着的香草浸入其里，它实在是没有不好吃的道理。当它的外皮触感比较干燥的时候，吃起来最美味。有些人喜欢将它包在保鲜膜里，待其软化后吃。倘若您不太喜欢外面的香草和真菌，将外层剥去也无妨。

另有一款干酪与丛林之花干酪有着完全相同的内里，只不过形状与外层的装饰有所不同。它还有一个浪漫的名字——爱之初（Brin d'Amour）。

小贴士 最好选择科西嘉岛原产的红葡萄酒或白葡萄酒。如果不易买到，辛辣的白葡萄酒或桃红葡萄酒也可以。在夏日的傍晚喝一杯透凉的冰镇葡萄酒，再配上香草味浓郁的它，颇具法国南部风格。

细腻微甜的意大利干酪

穆拉查诺干酪 Murazzano

☆☆☆ 

简介

类别： 绵羊干酪
原产地： 意大利皮埃蒙特大区古内奥省的43个市镇和村庄（朗垓丘陵一带）
原料奶： 绵羊奶
脂肪含量： 不低于45%
外形： 直径10~15cm，高3~4cm，重300~400g
季节： 整年

●温和可口的山间干酪

这款干酪产自皮埃蒙特大区的一个名为“穆拉查诺”的山间小村庄，也只有这个村庄出产的干酪才能冠以“穆拉查诺”之名。这款干酪集绵羊奶特有的甘甜醇厚与细腻的滋味于一身，温和而可口。其中绵羊奶的使用量必须达到60%，剩下的40%可以自由选择。加入些牛奶亦可，全都用绵羊奶亦可。

新鲜的穆拉查诺干酪外观呈奶白色，味道清淡，成熟之后会变成带有光泽的麦秸色，味道较重。待其长时间成熟后放入瓮中保存，干酪就会变得无比辛辣。

小贴士 还未充分成熟时可将其切成薄片，加入橄榄油和罗勒一起食用相当美味。成熟后的穆拉查诺干酪最适宜作为主食干酪。另外，皮埃蒙特大区产的红葡萄酒也是它的好搭档。

来自葡萄牙南部的人气绵羊干酪

阿斯通干酪 Azeitão

简介

类别： 绵羊干酪
原产地： 葡萄牙里斯本以南的圣拉达拉比鞑
原料奶： 绵羊奶
脂肪含量： 不低于45%
外形： 直径6~14cm，高约3cm，重60~200g
季节： 秋季至春季

不容错过的手工成型干酪

葡萄牙主要生产绵羊干酪，其主要特征是味道温和，凝固剂中添加有朝鲜蓟的雄蕊。这款干酪来自葡萄牙南部，具备葡萄牙干酪的所有特征。在制作过程中人们用刷子将它的外皮洗了又洗，除去上面的真菌，露出了耀眼的金黄色。

目前，阿斯通干酪的成型依然是通过手工来完成的，因此其总生产量比较少。倘若有幸见到，一定要买下，不可错失良机。

阿斯通干酪与所有的绵羊干酪一样，味道温和可口，不过它又凭较重的咸味凸显自己的个性。品尝时您会发现它具有一种特别的好滋味，那海水的气味不时地撩拨着鼻腔，令人欲罢不能。

DOP

小贴士 波尔图葡萄酒是阿斯通干酪的最好搭档，它比阿斯通干酪更早为人所知。另外，配上苦艾酒或干果子冻食用也十分美味。

Part 5 蓝纹干酪

Blue Cheeses

蓝纹干酪在真菌的作用下形成大理石花纹般的蓝绿色纹路。它具有强烈的刺激性气味，味道（特别是咸味）很重。单独食用虽然味道不错，但最好还是切成小块撒在沙拉里。这样吃起来味道既不会太重又能够使沙拉的味道更加分明。应选择酒体重的红葡萄酒才能与其棱角鲜明的个性相匹配。

迷倒名流雅士的干酪，在法国首次获得AOC认证

洛克福干酪 Roquefort

简介

类别： 蓝纹干酪
原产地： 法国鲁埃格地区
原料奶： 绵羊奶
脂肪含量： 不低于52%
外形： 直径19~20cm，高8.5~10.5cm，重2.5~2.9kg
季节： 整年

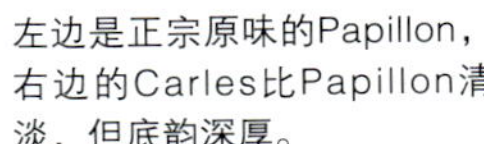

左边是正宗原味的Papillon，右边的Carles比Papillon清淡，但底韵深厚。

●世界三大蓝纹干酪之一

法国的洛克福干酪与意大利的戈贡佐拉干酪、英国的斯蒂尔顿干酪并称为“世界三大蓝纹干酪”。它那鲜明刺激的味道及雄厚气质不知虏获了多少干酪爱好者的心。细细品尝，您会发现，在浓重滋味的后面，隐约透出绵羊奶独特的甘甜及醇香，实在是美味极了。

●浪漫的传说

洛克福干酪有2000多年的历史，关于它的诞生，还有一个浪漫的传说。有一天中午，一位放羊的少年正在吃绵羊干酪，突然他发现自己心仪已久的少女正在附近赶路，于是他赶紧把干酪藏在山洞里，然后去追赶少女。几天后他回到山洞里，发现干酪已经发霉，然而发霉的干酪却比原来更加美味。因此现在制作洛克福干酪依然需要放在山洞里成熟。石灰岩的山洞里通风状况良好，能够始终保持空气的新鲜。湿润流通的空气有利于真菌孢子的形成，促进了干酪的成熟。另外，再加上特定的绵羊原料奶，才能制成洛克福干酪。

现在有各种品牌的洛克福干酪，您不妨都尝一尝，然后比较一下。在这里为大家介绍Papillon与Carles两种干酪。前者的蓝霉花纹相当华美，后者韵味深厚。

小贴士 口味浓烈的洛克福干酪与甜食非常合得来。甘甜的白葡萄酒、葡萄干面包等都是不错的选择。将它用在肉类菜肴或沙拉里，可以增加层次感。

奥弗涅蓝纹干酪 Bleu d'Auvergne

简介

类别： 蓝纹干酪
原产地： 法国奥弗涅地区
原料奶： 牛奶
脂肪含量： 不低于50%
外形： 大的直径约20cm，高8~10cm，重2~3kg；小的直径约10.5cm，高度各不相同，重1kg、500g或350g
季节： 整年

●低廉的价格令人欣喜

一看名字就知道这是一款产自于奥弗涅地区的蓝纹干酪。虽然现在几乎都由工厂制成，但醇厚的滋味中依然有其独特的粗野风格。黏糯润滑的口感，加上刺激舌根的辛辣，以及隐约的榛子味，只要吃过一次就难以忘怀。

奥弗涅地区是法国为数不多的几个干酪产地之一，康塔尔干酪、萨莱斯干酪等著名干酪都诞生于那里。

现今奥弗涅蓝纹干酪价格依然比较低廉，人们在平时都能尽情享用。

●衬托出葡萄酒的美味

四处扩散的绿色真菌是奥弗涅蓝纹干酪的特征，就连褐色的表皮上也布满了绿点。它的脂肪含量较高，因此内里既湿润又松酥。

有意思的是，这款干酪不仅美味可口，还能作为菜肴和葡萄酒的“绿叶”，充分地衬托出它们的美味。人们都说，配上奥弗涅蓝纹干酪，名酒似乎更加名副其实了。

小贴士 适合配上酒体重、单宁含量高的红葡萄酒。另外，它还可以放到泥状沙拉或沙拉的调味汁中，同时还能为通心粉调味。这里推荐一个小配方：将它和鲜奶油一起涂在切成片的土豆上，然后进炉烤制。

诞生于汝拉山脉的灰色、温和的蓝纹干酪

吉克斯蓝纹干酪 Bleu de Gex

简 介

别名： 汝拉高山蓝纹干酪（Bleu du haut Jura）法国蓝纹干酪（Bleu de Septmoncel）
类别： 蓝纹干酪
原产地： 法国弗朗什—孔泰地区的汝拉山脉
原料奶： 牛奶
脂肪含量： 不低于50%
外形： 直径36cm，高8~9cm，重平均为7.5kg
季节： 整年。最好是夏天以后

●邻近瑞士的汝拉地区的山间美味

吉克斯蓝纹干酪诞生于法国的汝拉山脉，该地位于法国与瑞士边境附近。传说13世纪，修道士将这种干酪的制作方法传到了这里，16世纪30年代该地的统治者——神圣罗马帝国的皇帝卡尔五世对这款干酪十分钟爱。

人们还用吉克斯蓝纹干酪与伯爵干酪（见第142页）一起制成干酪火锅，使人充分感受到汝拉山间干酪的好滋味。

●口感柔软，但柔中带脆

巨大的吉克斯蓝纹干酪也被称为高山干酪，它的形状酷似供神的大饼。其表皮干燥，乍一看不像是蓝纹干酪。其味温和，散发着浓郁的奶香。淡淡的榛子味中又隐约透着些苦味。它的口感柔软，但柔中带脆。

现今，吉克斯蓝纹干酪依然出自农户之手，因而产量不多，要想买到可不是件容易的事，倘若有机会的话一定要尝一尝。好的吉克斯蓝纹干酪富有弹性，整个切口都点缀着蓝色的霉菌。

小贴士 因其味温和，所以最好选择酒体较轻的干酪与之相搭配。葡萄牙的波特酒（Port Wine）也是不错的选择。据说当地人常常将其涂在煮好的土豆上食用。

安波特柱状干酪 Fourme d'Ambert

简介

类别： 蓝纹干酪
原产地： 法国奥弗涅地区
原料奶： 牛奶
脂肪含量： 不低于50%
外形： 直径约13cm，高约19cm，一般重1.5~2kg
季节： 整年

推荐给初尝者的蓝纹干酪

这款蓝纹干酪的人气与洛克福干酪不相上下，赢得了初尝者乃至“干酪通”的广泛支持。作为蓝纹干酪，它似乎过于温和，但这也许就是它备受宠爱的原因。想要品尝蓝纹干酪的朋友们不妨就从它开始吧。

这款干酪诞生于法国中部奥弗涅地区的山岳地带，当地冬季漫长，气候条件十分恶劣。过去，人们将其放在岩石的凹陷处成熟。品质好的安波特柱状干酪表面有些凹凸不平，外侧干燥，酷似石头。不过最近也出现了比较湿润的安波特柱状干酪，其内里紧实，有些许弹性。别看它身上分布着密密麻麻的霉菌，其实吃起来黏糯微甘，并没有刺激性的辛辣味。

小贴士 可选择酒体重的葡萄酒或是酒体轻的果味葡萄酒与之相配。与葡萄牙的波特酒一起食用也别有一番风味。另外，它与法国乡村面包或带核桃的面包也很合得来。同时，新鲜的水果与蔬菜也是它的好伴侣。

白霉在外、蓝霉在内，给您温柔的刺激

布列斯蓝纹干酪 Bresse Bleu

简 介

类别： 蓝纹干酪
原产地： 法国布列斯地区
原料奶： 牛奶
脂肪含量： 55%
外形： 大的直径10cm，高6.5cm，重500g；中等的直径8cm，高4.5cm，重225g；小的直径6cm，高4.5cm，重125g
季节： 整年

●模仿戈贡佐拉干酪制成的美味

只要知道了这款干酪的来龙去脉，您就一定能更深刻地理解法国人对干酪的感情。这款干酪虽说在“二战”结束后才开始正式生产，但在“二战”期间它就已经诞生了。在战火纷飞的日子里，法国人无法吃到戈贡佐拉干酪，于是委托法国的意大利移民制作一种与戈贡佐拉相似的干酪。就这样，布列斯蓝纹干酪便诞生了。当时，它叫做“萨尔戈伦”，体积较大，后来工厂化生产使其变得小一些了。现在这款干酪的名字叫做“布列斯蓝纹干酪（Bleu de Bresse）”，“Bresse Bleu”是商标的名称。

这种干酪比较奇特，外面是白霉，里面是蓝霉。其味道清淡多脂，口感暄软润滑，蓝霉与白霉的风味融合得恰到好处，非常可口。

小贴士 以清淡为特点的它当然也要配上酒体轻的葡萄酒，最好是那种酒体轻的果味红葡萄酒。另外，也可以将其切成小块撒在新鲜的蔬菜沙拉上，或是添加到蔬菜中作为下酒菜或零食。

洛克福干酪的牛奶版，润滑多脂

高斯蓝纹干酪 Bleu des Causses

简介

类别：	蓝纹干酪
原产地：	法国鲁埃格地区
原料奶：	牛奶
脂肪含量：	不低于45%
外形：	直径约20cm，高8~10cm，重2.3~3kg
季节：	整年

●具有高雅而浓郁的风味

人们都说，高斯蓝纹干酪是洛克福干酪的牛奶版。实际上这两款干酪在外观和成熟方式上（在自然形成的石灰岩洞穴中成熟）十分相似，唯一不同的就是原料奶：洛克福干酪用的是绵羊奶，而高斯蓝纹干酪用的是牛奶。

这两款相似的干酪出自同一个地方。在法国南部鲁埃格地区的阿韦龙省，牛奶干酪农户与羊奶干酪农户本在同一个工会里。到了20世纪，牛奶干酪农户与羊奶干酪农户被分开，他们只好各自为营。可以说，高斯蓝纹干酪与洛克福干酪是孪生兄弟，两者风味相像也是理所当然的。

这款干酪虽颇具个性，但多脂润滑，风味高雅。

小贴士 推荐用单宁含量高的红葡萄酒与之相配。其脂肪含量高，味道酷似黄油，因而广泛用于菜肴的烹饪中（比如它可以作为煎蛋卷或沙拉的调味汁）。

丹麦干酪的代表，温和可口的蓝纹干酪

卡斯特罗蓝纹干酪 Blue Castello

简介

类别： 蓝纹干酪
原产地： 丹麦
原料奶： 牛奶
脂肪含量： 70%
外形： 一边10cm，另一边5.5cm，高2.5cm，重150g
季节： 整年

●味道温和的多用途干酪

说到丹麦的蓝纹干酪，最著名的当属模仿洛克福干酪制成的丹麦蓝纹干酪（Danish Bleu）。不过卡斯特罗蓝纹干酪在最近几年也逐渐广为人知。它没有外皮，淡奶色的内里带着绿蓝色的真菌，产生出大理石般的花纹。即将变成茶色时，是干酪的最佳食用期。其口感柔软润滑，没有蓝纹干酪常见的那种刺激性味道。虽然它的咸味较重，但在个性突出的蓝纹干酪中算是温和可口的，吃不惯蓝纹干酪的朋友不妨尝尝这一款。

卡斯特罗蓝纹干酪一般被切成半个十边形，然后包装好在市场上出售。也有切成片的独立包装，这样方便只想吃少量或是单身的顾客购买。

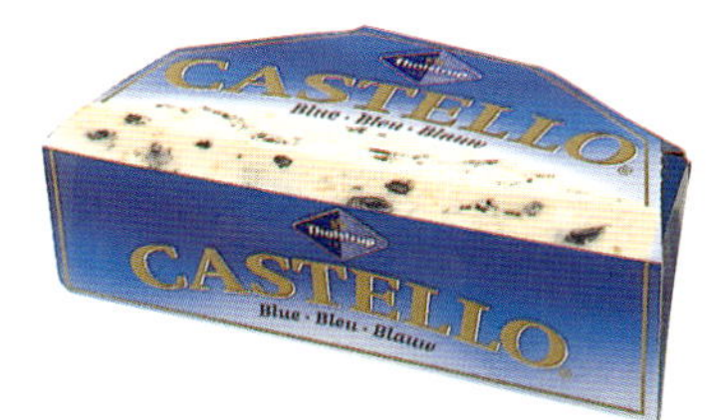

小贴士 这款干酪用途广泛，可以用在各种各样的菜肴中。比如放到蔬菜沙拉或泥状沙拉里，或作为调味汁，或是用在煎蛋卷等蛋类菜肴中。它与醇厚的红葡萄酒十分相配。

诞生在意大利的精品，在全世界大受欢迎的蓝纹干酪

戈贡佐拉干酪 Gorgonzola

简介

类别： 蓝纹干酪
原产地： 意大利皮埃蒙特大区的韦巴诺-库西奥-奥索拉、诺瓦拉、维切利、比耶拉、古内奥各省，以及亚历山德里亚省的一部分地区。另外还有伦巴底大区的科摩、拉科、贝加莫、布雷西亚、克雷莫纳、洛迪、米兰、帕维亚各省
原料奶： 牛奶
脂肪含量： 不低于48%
外形： 直径25~30cm，高16~20cm，重6~13kg
季节： 整年

左边是“道尔契”口味，右边是“皮堪德”口味。口味不同，外表颜色各异

●全世界推崇备至的意大利蓝纹干酪

在有些国家，例如日本，戈贡佐拉干酪可以算是最受欢迎的蓝纹干酪。它的蓝霉量少，咸味也不重，口感柔软、黏糯且润滑。即使是吃不惯蓝纹干酪的朋友也会喜欢上它。蓝纹干酪普遍都有强烈的刺激性味道，但戈贡佐拉干酪微甘温和的滋味令人惊叹。

戈贡佐拉干酪的产地位于意大利北部伦巴底大区的戈贡佐拉村。就是这样一个小村庄出产的干酪，在19世纪70年代就开始出口国外，风靡全世界，现在只能通过米兰近郊的大规模批量生产才能满足人们的需求。

●有甘甜和辛辣两种口味

戈贡佐拉干酪有两种口味：甘甜的称为“道尔契”，辛辣的称为“纳托拉雷”或“皮堪德”。虽然风味浓郁的“纳托拉雷”（“皮堪德”）属于原创，但一般流通的戈贡佐拉干酪大部分都是“道尔契”。二者的口味整体上都有向温和靠拢的趋势，但近几年，传统的“皮堪德”开始吸引人们的眼球。

戈贡佐拉干酪经常被用在菜肴中，不过在这里推荐大家试着将其与熟透的洋梨一起食用。秋天的戈贡佐拉干酪最为美味，浓浓的季节感令人浮想联翩。

小贴士 戈贡佐拉干酪既可以直接吃，也可以用在各种菜肴中。只需用鲜奶油稍微稀释一下，美味的意大利通心粉、煨饭以及牛排的调味汁便完成了。另外，它与果味的红葡萄酒十分相配。

卡布拉勒斯干酪 Cabrales

简介

类别： 蓝纹干酪
原产地： 西班牙亚斯都里阿斯地区东部
原料奶： 牛奶。春季和夏季会加入一部分绵羊奶和山羊奶
脂肪含量： 45％~50%
外形： 直径20~22cm，高7~15cm，重1~4kg
季节： 整年

●季节不同，原料奶的比例也不同

这是一款质朴但又不乏个性的干酪，深受喜欢干酪的人们欢迎。它的霉菌是从外至内自然形成的，并没有人工植入真菌。经过半年成熟后，它的内里与蓝霉处都会带上些茶色，这时是最为美味的。

有意思的是，它的味道在不同的季节里会发生微妙的变化。这是由于它的原料奶之间的比例差异造成的。制作时基本上用的是牛奶，有时会加入些绵羊奶和山羊奶。不同的人有不同的爱好，不过大部分的人都喜欢三种奶混合制成的卡布拉勒斯干酪。牛奶的润滑口感、山羊奶的酸味以及绵羊奶的温和巧妙地融合在一起，产生出深厚的底蕴。这三种奶混合的干酪一般在春季至秋季制作。

过去人们将卡布拉勒斯干酪包裹在枫树叶中待其成熟，现在一般都包在锡纸里。

小贴士 选择酒体重的红葡萄酒与之相配，才能互相凸显出各自的深味。另外还可以配上味道质朴的面包，比如长棍面包、法国乡村面包、裸麦面包等。

柔软甘甜与浓郁的酸咸味绝妙地融合

巴尔登奥干酪 Queso de Valdeón

简介

类别：蓝纹干酪
原产地：西班牙巴捷-巴尔登奥
原料奶：牛奶
脂肪含量：48%~50%
外形：直径约19cm，高约10cm，重2~3kg
季节：整年

●以卡布拉勒斯干酪为模板制成的美味

近几年，这款西班牙蓝纹干酪的人气在不断攀升。它诞生于西班牙北部欧罗巴山脉（Picos de Europa）以南的一个深谷中，并以该溪谷的名字命名。它是仿照西班牙干酪的代表——卡布拉勒斯干酪（见第96页）制成的，不过它们的味道相差很多。卡布拉勒斯干酪的味道浓郁而刺激，比较符合“干酪通”的口味，而巴尔登奥干酪滋味芳醇，既温和又有深度，其内里湿润，入口即化。起初，浓郁的甘甜弥漫口中，之后些许的咸味与酸味随即迎头赶上。它温和的余味也值得细细品尝。

巴尔登奥干酪另外一个特征就是裹在外面的枫叶。卡布拉勒斯干酪的真菌是自然形成的，而巴尔登奥干酪的真菌是人为植入的。

小贴士 不妨选择香味浓郁而酒体重的西班牙产葡萄酒与之相配。它还可以放在咸饼干上制成开胃小品，或是涂在长棍面包上制成开放式的三明治。与蜂蜜一起食用也十分美味。

伊丽莎白女王钟爱的蓝纹干酪，无论是外观还是滋味都格外高贵

斯蒂尔顿干酪 Stilton

☆☆☆

简介

类别： 蓝纹干酪
原产地： 英国列斯特郡、德贝郡、诺丁安郡
原料奶： 牛奶
脂肪含量： 48％～55％
外形： 直径约20cm，高25～30cm，重5～8kg
季节： 整年

●具有上乘的多脂口味与大理石花纹

英国女王伊丽莎白在一次访问日本时说过："没有斯蒂尔顿干酪，一天便无法开始。"之后，日本人赶忙派飞机将斯蒂尔顿干酪从英国空运过来。通过这则轶事我们可以感受到英国人对斯蒂尔顿干酪的自豪与喜爱，它是包括国王在内的所有英国人生活中的必需品。

这款干酪口味上乘，浓郁的香味中夹杂着些许苦味。咸味不重，有着蜂蜜似的甘甜余味，口感多脂润滑。另外，华丽的外观也十分出众。带茶色的灰色外皮上布满了白霉，凹凸不平的外皮酷似晒干后的甜瓜皮；其内里紧实，呈灰暗的象牙白，上面布满了蓝霉形成的大理石花纹，令人赏心悦目。

●设计精巧的圣诞节礼物

斯蒂尔顿是英国的一个地名，但并不是这款干酪的产地，只是因为它在这个地方最初为人们所知。它的实际产地是列斯特、德贝和诺丁安三郡，仅有几个公司拥有它的制造权。在英国，人们常常将斯蒂尔顿干酪装在罐子里，作为圣诞节的礼物赠送给亲人和朋友们。

小贴士 说到斯蒂尔顿干酪的好搭档，当然非波特酒莫属。其实，它与雪利酒以及醇香的红葡萄酒等带甜味的酒类一起食用也相当美味。偶尔配上威士忌，干酪顿时增加了几分成熟的气质。

橙色的内里与青色的真菌形成美丽的色彩对比

什罗浦蓝纹干酪 Shropshire Blue

简介

类别： 蓝纹干酪
原产地： 英国什罗浦郡、列斯特郡、诺丁安郡
原料奶： 牛奶
脂肪含量： 不低于45%
外形： 直径约20cm，高22cm，重约8kg
季节： 整年

●具有多脂温和的口感

这款干酪于20世纪70年代诞生于苏格兰，1981年作为商品销售。人们用从胭脂树种里提取的植物性染料将其内里染成橙色，与青色的真菌形成鲜明对比，在视觉上给人留下深刻的印象。

它略湿的外皮上长满了白色霉菌，外表凹凸不平，与内里同为橙色。青色的霉菌在细腻明亮的橙色内里中扩散成蓝绿色纹路。它的口感黏糯温和，十分可口。许多人说，它的味道介于斯蒂尔顿干酪（见第98页）与捷夏蓝纹干酪之间，水分较多且多脂润滑。蜂蜜般的微微甘甜与隐约透出的苦味得到了很好的平衡，两者巧妙地融合在一起。

小贴士 这款干酪略带甜味，因而与雪利风味的威士忌或波特葡萄酒十分相配。另外，它与苏格兰威士忌或日本酒的组合也别有一番风味。您也可以把它蘸着蜂蜜当做点心吃。

Part 6 半硬质干酪&硬质干酪

Pressed Cheeses

这两种压榨型干酪的味道相对来说比较大众化，加热之后就会变得润滑而美味，常用于干酪火锅等菜肴中。不过您务必要把它们亲自拿来尝一尝，相信您一定会被那醇和浓郁的滋味所迷恋。再配上当地产的葡萄酒，美味更是加倍。将它们切成薄片食用起来会比较方便。本书中把非加热压榨的干酪归为半硬质干酪，将加热压榨的干酪归为硬质干酪。

比利牛斯山脉质朴的绵羊干酪

欧梭伊哈迪干酪 Ossau-Iraty

☆☆☆ 

简介

类别： 半硬质干酪
原产地： 法国巴斯克地区、贝尔鲁努地区
原料奶： 绵羊奶
脂肪含量： 不低于50%
外形： 直径25.5~26cm，高9~12cm，重4~5kg。农家自制的为直径24~28cm，高9~15cm，重7kg以下
季节： 整年。高山夏季牧场从秋季开始生产

●原料奶来自充满野性的绵羊

巴斯克地区位于法国与西班牙边境附近，有着与两国相异的特色文化，欧梭伊哈迪干酪便诞生于这里。从古至今，绵羊是当地人生活中不可或缺的组成部分，当地的绵羊多为罕见的稀有品种。

与为洛克福干酪提供原料奶的细腻、温和的拉贡勒绵羊（Lacaune）相反，这里的绵羊有着原始的野性。它们以附近特有的高山植物为食，体格相当健壮。有了这些绵羊提供的羊奶，制作出的干酪才会如此美味。

欧梭伊哈迪干酪不仅带着绵羊特有的奶味，同时还透出蜂蜜般的上等甘甜。味厚多脂，没有怪味，相当可口。它的用料并不丰富，但每吃一口，风味就会递增，令人感受到温和的甘甜。成熟过程中味道逐渐深厚，倘若出现白色的氨基酸结晶则为上品。

●比利牛斯山脉的绵羊干酪

“欧梭伊哈迪”取自它的两个产地名，分别是位于比利牛斯山麓巴斯克地区的伊哈迪森林和贝尔鲁努地区的欧梭山谷。

欧梭伊哈迪干酪外面覆盖着一层浅驼色的表皮，看上去沉甸甸的。另外还有橙色表皮的欧梭伊哈迪干酪，其内里呈奶白色，口感润滑，食用时最好先将其切成小块。

小贴士 在法国贝尔鲁努地区，欧梭伊哈迪干酪常与腌火腿或腌肉一起食用。它与蜂蜜相配也十分美味。您可以直接将其作为下酒菜或零食，也可以把它切成薄片，与生火腿一起做成一个豪华的餐前拼盘。

法国中部奥弗涅山间地区引以为豪的大块干酪

康塔尔干酪 Cantal

简 介

别名： 康塔尔柱状干酪（Fourme de Cantal）
类别： 半硬质干酪
原产地： 法国奥弗涅地区康塔尔群山
原料奶： 牛奶
脂肪含量： 不低于45%
外形： 直径36~42cm，高通常为30~40cm，重35~45kg。小型的康塔尔干酪直径26~28cm，重15~20kg
季节： 整年

小贴士 请配上轻酒体的葡萄酒品尝。另外也可以用它来做三明治或开放型的三明治。

康塔尔干酪与洛克福干酪一样是法国最古老的干酪之一。其紧实的内里呈象牙色，味道质朴温和，带着坚果的香味。成熟后的康塔尔干酪在香味弥漫的同时，会产生一种类似泡沫的口感。正因为这种口感，有些人特别喜欢康塔尔干酪，而有些人则相反。它的成熟过程大致分成3个阶段：成熟不到2个月的称为“年轻状态”（Jeune），成熟2~6个月的称为“中间状态”（Entre-deux），成熟6个月以上的称为“深度状态”（Vieux）。成熟阶段不同，风味各异。

农家独有的清爽风味

萨莱斯干酪 Salers

萨莱斯干酪的制作方法与康塔尔干酪一样，人们将它们比作两兄弟。唯一不同的是，萨莱斯干酪只有农家制作的，没有工厂制作的。制作期间限于每年的4~11月。这段时间的水草最为丰美，因此制成的萨莱斯干酪有着青草般清爽的风味，令人感受到丰饶的大地对人类的恩赐。

简 介

类别： 半硬质干酪
原产地： 法国奥弗涅地区的康塔尔群山
原料奶： 牛奶
脂肪含量： 不低于45%
外形： 直径38~48cm，高通常为30~40cm，重35~50kg
季节： 整年

小贴士 它与轻酒体的葡萄酒十分相配。您可以模仿当地的特色菜肴特鲁伐多（Truffade，用土豆、五花肉和康塔尔干酪制成），把煮好的土豆、腌肉与切成片的萨莱斯干酪一起烤制，是一款难得的冬季菜肴。

热腾腾的瑞士菜肴——煎刮干酪所使用的干酪原料

煎刮干酪 Raclette française

简 介

类别： 半硬质干酪
原产地： 法国各地，特别是萨瓦地区和弗朗什—孔泰地区
原料奶： 牛奶
脂肪含量： 不低于45%
外形： 直径28~36cm，高5.5~7.5cm，重4.5~7kg
季节： 整年

●用于制作煎刮干酪

许多人对“煎刮干酪”耳熟能详，这道菜与“干酪火锅”一样是有名的瑞士菜肴。“煎刮干酪”其实就是将煮好的土豆蘸上融化后的干酪，那质朴的滋味给人以无限的温暖。而“煎刮干酪”中所使用的干酪就叫做“煎刮干酪”，菜肴与干酪的名字相同。这道菜的传统吃法是将干酪切下一半放在火上烤，然后将融化的干酪糊用小刀刮下来，涂在土豆上。这是一种比较豪爽的吃法。利用一种酷似小平底锅的专用器具，就能轻松地在饭桌上品尝煎刮干酪了。

煎刮干酪的“Raclette”源于法语中的“Racler（煎刮）”，这种干酪口感润滑，味道十分清淡，质地紧实且有些许小孔。可即食，也可将其融化添加在菜肴中，这样它的香气愈发浓郁，吃起来也更加美味。

当然，在“煎刮干酪”菜肴中的煎刮干酪才是最美味的，即使没有专用器具，用烤箱或烤面包机都可以制作，可自行尝试。先将干酪盛在耐热器皿中，加热待其融化之后涂在煮好的土豆上，最后用黑胡椒调味。吃的时候配以泡菜则更正宗。

●各地的煎刮干酪都有所不同

这款干酪最初产于瑞士的瓦莱州，然后流传于世界各地。各地的煎刮干酪都有所不同，意大利煎刮干酪的味道要比法国的煎刮干酪更重。

小贴士 这款干酪只有融化后放在菜肴里，才能凸显它的美味。您可以用它来做煎刮干酪、奶汁烤菜或干酪火锅。用烤炉融化之后加在热蔬菜中，也是一道营养均衡的菜肴。

圣耐克泰尔干酪 Saint-Nectaire

简介

类别： 半硬质干酪
原产地： 法国奥弗涅地区
原料奶： 牛奶
脂肪含量： 不低于45%
外形： 直径约21cm，高5cm，重约1.7kg
季节： 整年。农家自制的一般要在夏季之后才能吃到

●透着松伞菇和榛子香味的干酪

在法国，圣耐克泰尔干酪是人人喜爱的日常主食。它的内里柔软有弹性，而且还透着淡淡的松伞菇和榛子的香味。圣耐克泰尔干酪既有农家自制的，也有工厂制作的。现今比较流行的几乎都是工厂制作的，这种干酪口感黏糯，没有怪味，甚至比白霉干酪还要可口，十分适合初尝者。

●农家自制的干酪更为人叫好

不过，要想让干酪爱好者们叫好，还是农家自制的圣耐克泰尔干酪。特别是在麦秸上成熟的圣耐克泰尔干酪，个性十足，锋芒毕露，只有在法国才能见到。它独特的气味浓郁至极，就像是腌了很久的咸菜或是腌芥头似的，连麦秸也像是长出霉菌来了。不过别看它有着如此重的怪味，一咬下去，保你爱它没商量。那么，如何才能区分农家自制的和工厂制作的圣耐克泰尔干酪呢？方法很简单，在干酪的表面有一个表示品质的绿色标签（表示酪朊的标签），椭圆形代表农家自制的；正方形代表工厂制作的。不过，农家自制的圣耐克泰尔干酪表皮上会覆盖着一层厚厚的白、红、黄的真菌，有时很难看见标签。

这款干酪的名字取自于它的产地——法国中部山地奥弗涅地区的一个小村庄，它位于海拔约1000米的山麓地带。它有着1000多年的历史，甚至还上过“太阳王”路易十四的餐桌，受到了他的赞赏。从那以后，圣耐克泰尔干酪得到了法国民众的广泛支持。

小贴士 果味的红葡萄酒是这款干酪的好搭档。它不仅可以与酒类同食，还可以用于烹饪，或当做早餐。将它放在面包上稍微加热一下，就会变得更加美味。

茅草干酪 Chaumes

简介

类别： 半硬质干酪
原产地： 法国贝尔鲁努地区
原料奶： 牛奶
脂肪含量： 50%
外形： 直径20～30cm，高约4cm，重约2kg
季节： 整年

●大众化的温和滋味

这款干酪的历史比较短，是由昌米斯（Chaumes）公司仿造比利时林堡干酪制成的。该公司还生产其他的低脂干酪和绵羊干酪，不过这款茅草干酪最为畅销。它的外皮很薄，呈鲜艳的橙色。质地紧实，具有年糕般的黏糯口感，十分润滑，因味道温和而成为一款大众化产品。

它的表皮经过洗浸，故常被归为洗浸干酪之列，不过它采用的是半硬质干酪的做法，所以本书把它放在这一章。现在许多干酪采用丰富的制法和多种真菌，竭尽所能将所有美味都集于一身，茅草干酪就是这样的干酪。

小贴士 酒体轻的红葡萄酒或果味的红葡萄酒与这款口感润滑温和的干酪十分相配。这款干酪还可以用于烹饪土豆菜肴，或加到橙子等柑橘类水果中。简单地与长棍面包同食也是一种不错的选择。

山区的干酪滋味竟然如此浓郁！

托姆萨瓦干酪 Tomme de Savoie

简介

类别： 半硬质干酪
原产地： 法国萨瓦地区
原料奶： 牛奶
脂肪含量： 40%
外形： 圆盘形，重约1.5kg
季节： 整年

●萨瓦地区质朴的山间干酪

这是一款产自于法国萨瓦地区的干酪。因其用的是脱去黄油奶油的脱脂奶，故而脂肪含量稍低。在成熟的过程中，它会弥漫出极其浓郁的香味。其灰色的硬质表皮上有些白、黄、红、茶色的点状霉菌，像是布满了灰尘。它的质地细腻紧实，柔软而富有弹性，到处都能看见细小的洞眼。

托姆萨瓦干酪是在山区中诞生的干酪。山与山之间，或者说村与村之间的托姆萨瓦干酪有着细微的不同，有时也会在称呼的前面带上产地名称。其中有一个村的干酪获得了AOC认证，叫做“托姆堡久干酪”（Tome des Bauges）。

小贴士 辛辣的果味白葡萄酒，能够很好地衬托出托姆萨瓦干酪那温和的奶味与暄软的口感。另外，直接吃，或是融化之后涂在法国乡村面包上吃都十分美味。

莫比耶干酪 Morbier

简介

类别： 半硬质干酪
原产地： 法国弗朗什—孔泰地区
原料奶： 牛奶
脂肪含量： 不低于45%
外形： 直径30～40cm，高6~8cm，重5~9kg
季节： 夏季至冬季

●中间撒上一层煤粉的干酪

这款干酪的最大特征就是在半腰间有一条黑线将它分成上下两部分。这道黑线实际上是用于食品添加的植物性煤粉。

莫比耶干酪属于农家自制，而这道黑线就与此有关。在它的产地汝拉地区，还有一种法国人喜爱的干酪——伯爵干酪。在过去，莫比耶干酪与伯爵干酪一般都是一起做的。但是到了冬季雪厚的时期，连专门生产干酪的农场都无法保存凝乳了，人们只好在家里自制莫比耶干酪。但一户人家拥有的牛奶不够做一个完整的干酪，人们就先在做好的凝乳上撒些锅底的煤灰，第二天再制作另一半加在上面。现在的生活条件下当然没有那个必要了，但人们依然不愿舍弃那道黑线，以保持传统的风貌。这款干酪要在成熟程度较低的时候吃，那微甘温和的滋味，以及暄软黏糯的口感，值得一尝。

AOC

小贴士 应尽量选择果味的葡萄酒与之相配，只有这样，莫比耶干酪所蕴含的那种山间的风味才能更加深厚。

专栏　干酪食用小窍门②

干酪的保存方法

一般来说，干酪买回来之后一定要尽早吃完。不过吃不完剩下来也是常有的事。那应该如何巧妙地保存，让它们自始至终都同样美味呢？

●干酪变质之后的处理方法

干酪产品上面都会标明最佳食用期限（注：中国的干酪只有保质期，没有最佳食用期），最好在该日期之前吃完。不过，最佳食用期限与保质期不同，它的意思是“在该日期之前食用最美味”。如果过了最佳食用期，您不要马上扔掉它们，可以试着将它们加热用来烹饪菜肴。

倘若干酪表面长出许多绒毛，或是出现与原味不同的刺激性味道，说明它已经开始变质。如果只是小范围的霉菌，可以将霉菌和其周边的干酪切去即可食用。洗浸干酪一旦变质，会产生苦味，散发出氨气的臭味。白霉干酪放久了也会有刺激性的氨臭。像这样的干酪如果放入菜肴中，会使菜肴本身也带上氨臭，请务必注意。

●一般使用保鲜膜保存

绝大多数的干酪都可以用保鲜膜包裹保存。在包裹时应尽量包紧，不要使空气入内。一旦打开后就应该换一张新的保鲜膜，包好之后装入密封容器中，放入冰箱中保存。可以在容器里垫上一层蔬菜，以保持湿润。倘若干酪是放在木头盒子里不易重新裹保鲜膜的话，可以将保鲜膜蒙在上方，然后盖上盖子。

各种干酪的保存方法

种类	保存方法
鲜干酪	用保鲜膜包裹
白霉干酪	用保鲜膜包裹
洗浸干酪	用保鲜膜包裹（如果表面较湿润，应待表面微干后，再用保鲜膜松弛地卷上）
蓝纹干酪	用保鲜膜包裹，然后再盖上锡纸
山羊干酪	用保鲜膜包裹
半硬质干酪	用保鲜膜包裹（如果表面较湿润，应待表面微干后，再用保鲜膜松弛地卷上）
硬质干酪	用保鲜膜包裹

阿齐亚戈干酪（普雷萨特/达雷沃）Asiago

普雷萨特 
达雷沃

简 介

类别： 半硬质干酪
原产地： 意大利威尼托大区的维琴察省，以及帕多瓦、特里维索各省的一部分。特伦蒂诺・阿托・阿迪杰大区的特伦托省的一部分
原料奶： 牛奶
脂肪含量： 普雷萨特不低于44%，达雷沃不低于34%
外形： 直径30~40cm，高9~15cm
季节： 整年

左边是普雷萨特干酪，右边是达雷沃干酪。下一页的图中，上面是达雷沃切块，下面是普雷萨特切块

●两种不同的类型

阿齐亚戈干酪的名字来源于意大利北部的阿齐亚戈小镇，这个小镇建在海拔约1000米的山麓上。起初，阿齐亚戈干酪是用绵羊奶制作的，被称为“维琴察的佩科里诺干酪”。到了16世纪，阿齐亚戈高原有了奶牛，于是阿齐亚戈干酪的主要用料就变成了牛奶。

实际上，阿齐亚戈干酪有两种不同的类型，它们之间的差别之大令人不可思议。人们比较熟悉的是味道可口的阿齐亚戈・普雷萨特干酪。此种干酪为奶白色，呈圆盘状，重达11~15kg，内里布满了不规则的气孔。另一种是阿齐亚戈・达雷沃干酪，呈圆盘状，重达8~12kg，表皮呈带光泽的茶色。

●普雷萨特干酪是多用途的“万金油”

阿齐亚戈・普雷萨特干酪带着微微的酸甜味，内里湿润柔软，没有怪味。既可以直接食用，也能够作为各种菜肴的配料。

●达雷沃干酪愈嚼愈有味

达雷沃干酪比较硬实，能够看见氨基酸的结晶，而且愈嚼愈有味道，吃过一次就难以忘怀。不过这款干酪为农家自制，产量小，很难买到。

小贴士 阿齐亚戈・普雷萨特干酪与果味轻酒体的红葡萄酒或桃红葡萄酒相配十分美味。将其切成厚片撒上面包粉烤一烤，然后配上奶汁烤菜或通心粉，也是一道美味的菜肴。

科廷干酪 Crutin

简介

类别： 半硬质干酪
原产地： 意大利皮埃蒙特大区
原料奶： 牛奶、绵羊奶
脂肪含量： 不低于50%
外形： 大的直径8~10cm，高12~15cm，重约1kg；中等的直径6~8cm，高8~11cm，重约500g；小的直径4~6cm，高5~7cm，重约300g
季节： 冬季至初夏

●加入了名贵的块菰

块菰被称为“世界三大山珍”。这一款干酪就是将黑块菰切细，与牛羊奶一起熬煮制成的。它的香味浓郁至极，甚至被比喻为“加了块菰的迷药”，显得十分高级奢侈。其质地干燥酥脆，有一种质朴的味道。

这款干酪呈圆筒状，上面系着一根绳子。传说在过去，为了防止老鼠偷吃，人们用绳子将干酪挂在葡萄酒窖的天花板上让其成熟。后来绑绳子的习俗便流传下来，而它的名字“Crutin”则表示皮埃蒙特大区的葡萄酒窖。这款干酪的价格比较高，但由于添加了块菰，相对来说还是便宜的。当您想让餐桌上的菜肴变得豪华奢侈时不妨选择它。当然，别忘了配上皮埃蒙特大区诱人的葡萄酒。

小贴士 这款干酪值得与芳醇浓郁的红葡萄酒一起细细品尝。把它切成小块撒在通心粉上，“块菰味通心粉”便完成了。另外，不妨将它放在面包上一起烤制，制成块菰风味的餐前开胃面包。

带有蜂蜜甘甜与坚果香味的秋冬珍品

芳提娜干酪 Fontina

DOP

简 介

类别： 半硬质干酪
原产地： 意大利瓦莱达奥斯塔大区
原料奶： 牛奶
脂肪含量： 不低于45%
外形： 直径30～45cm，高7~10cm，重8~18kg
季节： 夏季至冬季过后

●意式干酪火锅的必需品

芳提娜干酪产自意大利北部著名的滑雪胜地——瓦莱达奥斯塔大区，每逢冬季，众多滑雪爱好者都接踵而至。它的正式名称是“芳提娜·瓦莱达奥斯塔”，在瓦莱达奥斯塔大区以外制作的干酪，即使制法与芳提娜干酪相同，也不能以此命名，只能叫做“芳塔尔干酪”（Fontal）。

芳提娜干酪是意大利山区干酪的代表。气味有些怪异，味道温和，带着微微的坚果香味和蜂蜜的甘甜。

6~9月制作的芳提娜干酪特别珍贵，又称为“阿尔佩森干酪”。这个时期的干酪已经过了成熟期，秋季至冬季食用最佳。它是意大利干酪火锅和热融干酪的必备材料，且最佳食用期刚好与吃火锅的季节相吻合。

小贴士 用芳提娜干酪制成的热融干酪是最好吃的。加入了芳提娜干酪、牛奶、黄油和鸡蛋的干酪火锅是寒冬的美味佳肴。选择成熟后的清淡红葡萄酒与之相配是再好不过的了。

使用传统制法制成，拥有细腻而宜人的美味

蒙特韦罗内塞干酪 Monte Veronese

简介

类别：	半硬质干酪
原产地：	意大利威尼托大区的维罗纳省以北的53个市镇和村庄，以及蒙特雷西尼亚
原料奶：	牛奶
脂肪含量：	不低于44%
外形：	直径25~35cm，高7~11cm，重7~10kg
季节：	整年

DOP

●暄软甘甜，奶味十足

有着细腻多脂的口感和宜人甘甜的滋味，与黄油有几分相似。外皮呈麦秸色，较薄；内里呈奶白色，其中一面有一些小气孔，富有弹性。这款干酪产自威尼托大区维罗纳省的勒希尼山，采用传统的干酪制法制作而成。

根据原料奶的差异，蒙特韦罗内塞干酪可以分为两种类型：一种用的是全脂牛奶，另一种用的是脱脂牛奶。后者产量较少，名字后面带有“达雷沃”，以示区别。这款干酪的起源与阿齐亚戈干酪（见第114页）有着千丝万缕的联系。

小贴士 浓郁的奶香中带着几分甘甜的蒙特韦罗内塞干酪，凭着它那诱人的口感，成为人们餐桌上的常客。成熟后，也可以磨碎用于烹饪。当然别忘了配上意大利产的红葡萄酒。

意大利皮埃蒙特大区的“明星”干酪

布拉特内罗干酪 Bra Tenero

小贴士 这款干酪温和可口，是主食干酪的最佳选择。在烹制意大利菜肴时请一定要加一些。另外，它与同产于皮埃蒙特大区的红葡萄酒十分相配，例如道尔切顿、巴尔贝拉等。

这款干酪在14世纪诞生于意大利北部皮埃蒙特大区古内奥省，是当地最受欢迎的干酪。当它越过重重高山到达海边的利古里亚地区时，它的美味受到好评，一夜之间变得家喻户晓。这款在乡村农庄孕育出来的干酪滋味可口、黏糯有弹性，一般都用牛奶制成。其中较软的叫做“布拉特内罗”，较硬的叫做“布拉多罗”。

布拉多罗干酪 Bra Duro

简介

类别：	半硬质干酪
原产地：	制作于意大利皮埃蒙特大区的古内奥省。成熟于古内奥省以及都灵省的维拉弗兰卡·皮埃蒙特市一带
原料奶：	牛奶
脂肪含量：	不低于32%
外形：	直径30~40cm，高7~9cm，重6~8kg
季节：	整年

本图是较硬的布拉多罗干酪。它有着坚硬、紧实的外皮，随着成熟程度的加深，香味和滋味也会越发浓郁，同时还有淡淡的咸味和辛辣。

卡斯特马诺干酪 Castelmagno

简介

类别： 半硬质干酪
原产地： 意大利皮埃蒙特大区古内奥省的3个村庄：卡斯特马诺村，普莱多列维斯村和蒙特洛松·古拉纳村
原料奶： 牛奶或山羊奶，也可以加入些绵羊奶
脂肪含量： 不低于34%
外形： 直径15~25cm，高12~20cm，重2~7kg
季节： 整年

●颇具个性风味的高级干酪

这款干酪出自皮埃蒙特大区卡斯特马诺村的农家之手。它那颇具个性的风味让人立刻想起日本的鱼裹饭，在意大利属于特级干酪，在高级餐厅的菜单上是常备菜肴。有着微微的酸味与独特的发酵气味，干燥的内里入口之后，浓郁深厚的滋味便弥漫开来。这些爽口的滋味全因独特的干酪制法：先将凝乳装入麻袋中，吊起来使其脱水，然后加入碾碎的盐搅拌均匀，用模具成型之后再使其发酵。灰色的表皮有些褶皱，上面自然覆盖着红色与黄色的真菌。随着成熟程度的加深，在皲裂的细纹中会长出蓝霉来，这时才是它的最佳食用期。

小贴士 酒体重的红葡萄酒与之相配。这款干酪既适合作为主食干酪，也可以添加到菜肴的调味汁当中，或撒在通心粉和温热的蔬菜上。它与鲜奶油搭配能产生更好的效果。

味道浓郁、甘甜，有着菠萝似的甘甜

蒙他西奥干酪 Montasio

简介

类别： 半硬质干酪
原产地： 意大利威尼托大区的贝鲁诺、特里维索各省。帕多瓦、威尼斯各省的一部分。弗留利・威尼斯・朱利亚大区
原料奶： 牛奶
脂肪含量： 不低于40%
外形： 直径30~40cm，高6~10cm，重6.5~7.5kg
季节： 整年

●富有传统味道的山间干酪

这款干酪产于意大利北部的威尼托大区，邻近意大利与斯洛文尼亚的接壤处。“蒙他西奥”是当地一座山峰的名字。13世纪中叶，莫吉奥修道院的僧侣制作出了世界上第一块蒙他西奥干酪，后来他们将制法传授给住在蒙他西奥山的人们。从此蒙他西奥干酪的美名一传十，十传百，在1773年开始批量生产。

成熟后的蒙他西奥干酪有着典型山间干酪的特征，越嚼越有味道，浓郁、平衡的滋味相当可口。随着成熟程度的进一步深入，在原有的风味上还会产生出菠萝似的甘甜，咬下去便满口浓香。

小贴士 它与红葡萄酒很合得来。成熟程度不深的蒙他西奥干酪可以作为主食干酪，成熟程度较深的话，则适宜碾碎后作为调味料。

咸味较淡，凸显出绵羊奶特有的温和风味

托斯卡纳绵羊干酪 Pecorino Toscano

简介

类别： 半硬质干酪
原产地： 意大利托斯卡纳大区，翁布里亚大区的喀什提利纳·德尔·拉贡、阿雷罗纳地区，以及拉齐奥大区的维特尔博省北部
原料奶： 绵羊奶
脂肪含量： 软质型不低于45%，半硬质型不低于40%
外形： 直径15~22cm，高7~11cm，重1~3.5kg
季节： 整年

●托斯卡纳土地凝缩的丰饶滋味

“Pecorino”指用绵羊奶制成的干酪。“Pecorino Toscano”的意思就是“托斯卡纳地区的绵羊干酪”。它的咸味较为收敛，最大限度地凸显出绵羊奶特有的温和风味。

这款干酪有两种：一种是柔软的新鲜干酪，另一种是半硬质的成熟干酪（Stagionato）。两者的味道相差甚远。新鲜的托斯卡纳绵羊干酪黏糯柔软且有弹性，带着温和的羊奶味，而成熟后的托斯卡纳绵羊干酪则产生出像蘑菇一样的浓郁深味，并透着一丝甘甜。一般来说人们都会选择前者，不过近年来后者的人气也不断攀升。需要注意的是，干酪切开之后一定要尽早吃完，因其脂肪含量较高，久置容易变黏。

DOP

左边是半硬质的成熟干酪，右边是柔软的新鲜干酪。
上面大图中左侧后方是半硬质的成熟干酪，右侧前方是柔软的新鲜干酪

小贴士 可以配白葡萄酒或少量红葡萄酒。可与当地的蚕豆一起食用，或在煮熟的豆质品上撒上干酪末，或用莴苣包起来一块食用。

质朴的风味令干酪爱好者为之着迷

拉斯肯刺干酪 Raschera

简介

类别：半硬质干酪
原产地：意大利皮埃蒙特大区古内奥省的一部分
原料奶：牛奶或山羊奶，有时也加入些绵羊奶
脂肪含量：不低于32%
外形：圆形的干酪直径35~40cm，高7~8cm，重7~9kg。三角形的干酪一边为40cm，高12~15cm，重8~10kg
季节：整年

●质地硬实而富有弹性

这是一款产自皮埃蒙特大区山间盆地的干酪。在海拔900米以上的地区制作的干酪，会标明“产自高地牧场”。

它的外表凹凸不平，褐灰色中带着点儿红色。在成熟的过程中，还会出现红色的斑点。成熟前，味道高雅细腻，成熟后则变得醇厚浓郁。质地硬实却富有弹性，有着不加修饰的质朴滋味。

拉斯肯刺干酪有方形和圆形两种。之所以制成方形，据说是因为能够更好地将它垒在骡子的背上。近几年的拉斯肯刺干酪大多都是圆角方形的。

DOP

小贴士 这款干酪最适合作为晚餐的主食。当地的人们常常将成熟充分的拉斯肯刺干酪放在蔬菜汤里一起煮。另外，巴尔贝拉、道尔切顿等红葡萄酒也是它的好搭档。

希拉诺马匹干酪 Caciocavallo Silano

简介

类别： 半硬质干酪
原产地： 意大利坎帕尼亚大区、莫利塞大区、普利亚大区、巴西利卡塔大区，以及卡拉布里亚大区的一部分
原料奶： 牛奶
脂肪含量： 不低于38%
外形： 细长的洋梨状，也有葫芦形。重1.5~2.5kg
季节： 整年

葫芦形状。右边为白色干酪，左边为烟熏干酪

●关于名字的起源有两种说法

这款干酪的外形十分独特，呈葫芦状或洋梨状。因为它是用绳子拴住吊起来成熟的，上面还有拴绳子的痕迹。

这款干酪分为白色和烟熏两种，前者表皮为白色，后者为茶色。它们的质地都十分紧实有弹性，有着浓郁的风味和上乘的甘甜。成熟前滋味细腻可口，随着成熟的深入，其中的醇香和辛辣味越来越重。成熟超过半年，则变得十分坚硬，非常适合用于烹制菜肴。

“Caciocavallo”中的“cacio”是“干酪”的意思，“cavallo”是“马”的意思。这个名字的由来有两种说法：一说是在过去人们把它两个一组地吊着成熟，那种形态就像人跨在马背上一样；另一说是它是用马奶制成的缘故。

小贴士 这款干酪与轻酒体的葡萄酒十分相配。可以将其切成薄片，作为啤酒的下酒菜。成熟后的它能增加菜肴的美味。略烤一下或炒一炒，也是一道简单的菜肴。

牧羊人传承下来的自然风味

撒丁岛之花 Fiore Sardo

简 介

类别： 半硬质干酪
原产地： 意大利萨丁尼亚大区
原料奶： 绵羊奶
脂肪含量： 不低于40%
外形： 直径12~25cm，高13~15cm，重1~5kg
季节： 整年

●洋溢野性气息的传统干酪

这款干酪有着极其悠久的历史，可以追溯到青铜器时代（公元前1500—公元前1000年）。山间地带的牧羊人在制作时始终坚持传统制法，使用继承了姆夫罗内血统撒丁岛种的绵羊奶。姆夫罗内绵羊是一种生活在撒丁岛和科西嘉岛的野生绵羊，所以这款干酪洋溢着自然的野性气息。醇厚的味道与微微的辣味相交织，令人品味到绵羊奶独特的清爽滋味。

它的形状像是两个底面相合的圆锥梯形。在工坊上层的架子上完成成熟，同时进行自然熏制。表皮的颜色由深黄色变成灰色，然后变成接近黑色的茶褐色。

小贴士 酒体轻的红葡萄酒要比酒体重的更配这款干酪。成熟时间较短的话，作为主食干酪正合适，直接食用也十分美味。如果成熟半年以上，可以碾碎之后用于烹饪。

普罗沃罗内·瓦尔帕达纳干酪 Provolone Valpadana

简介

类别： 半硬质干酪
原产地： 意大利北部帕达纳平原
原料奶： 牛奶
脂肪含量： 不低于44%
外形： 有腊肠形、洋梨形等许多形状。重量不小于500g
季节： 整年

●煎着吃是最美味的

在意大利餐饮店，经常可以看到用粗绳子吊着的普罗沃罗内·瓦尔帕达纳干酪。这款干酪清淡可口，甜味和酸味恰到好处地融合在一起，十分符合亚洲人的口味。它的生产中心本在意大利南部，现在移至北部的帕达纳平原一带。因为在19世纪后半期，意大利南部著名的干酪师马约缇兄弟为了寻找更加丰富的奶源而移居到意大利北部，导致了现在的生产布局。

这款干酪的形状多种多样，有腊肠形、洋梨形、圆锥形等。它本来是圆形，其名字中的“Provo”也来源于那波利方言中的“球”一词。不过有人说“Provola”还有“尝试”之意，它在制造过程中要不断地调整，故而得名。将它煎着吃是最美味的。

DOP

小贴士 这款干酪既可以直接吃，也可以广泛用于菜肴的烹饪中。其价格较低廉，您可以尽情地添加到煎肉、通心粉、奶汁烤菜里。用来烤牛排也十分美味。酒体轻的果味红、白葡萄酒都是它的好搭档。

触感光滑、质地细密的干酪

拉古萨干酪 Ragusano

简介

类别： 半硬质干酪
原产地： 意大利西西里大区的拉古萨省，锡拉库扎大区的帕拉佐洛·阿克雷德、罗佐里尼
原料奶： 牛奶
脂肪含量： 不低于40%
外形： 边长15~18cm，高43~53cm，重10~16kg
季节： 整年

●在全世界广受欢迎

这款干酪呈细长的四边形，它的外形虽与希拉诺马匹干酪（见第124页）不同，但实际上两者的制法是一样的，因为它们正中间都有绳子拴过的痕迹。它从16世纪开始即出口海外。“一战”后，许多意大利西西里人移民美国，随着这股移民潮，拉古萨干酪大量出口美国。同时为了方便出口运输，它的体积逐渐变大。

外皮呈金黄色或是偏茶色的麦秸色，触感十分光滑；质地细密，呈明亮的淡黄色，成熟后会出现皲裂和零星的气孔。成熟程度不深的时候，味道甜中带酸，相当可口；进一步成熟之后，味道变得浓郁，产生独特的芳香。

DOP

小贴士 推荐酒体重的红葡萄酒与之相配。成熟前可作为主食干酪，品尝其干酪的本味。与蔬菜一起食用，或微烤一下也十分美味。

修士头干酪 Tête de Moine

简介

别名： 贝尔雷干酪（Bellelay）
类别： 半硬质干酪
原产地： 瑞士边境的汝拉山脉
原料奶： 牛奶
脂肪含量： 不低于51%
外形： 直径10～15cm，高7~15cm，重0.7~2kg
季节： 秋季、冬季

●出自修道士之手

这款干酪有一个可爱的名字“修士头”，别名为“贝尔雷”。因为它出自位于法国和瑞士交界的汝拉地区贝尔雷修道院的修道士之手。虽然叫做“修士头”，但它的形状并不像一个头。

它有着浓郁的气味和甘甜醇厚的味道。食用时应使用一种叫做“吉洛尔”的干酪专用卷削工具。先将这种工具插入干酪中，然后转动手柄，将干酪削成花瓣状。不过普通的家庭只需用干酪切片器就足够了。因其味道浓厚，切成薄片后食用，味道恰到好处。不过请注意，一定不要让它成熟过度，否则会发出臭味，而且变得很黏，最好要在冬季结束前吃完。

小贴士 削成薄片之后宛如花瓣般华丽，非常适合拿到聚会上招待客人。与酒体轻的辣味白葡萄酒同食，美味加倍。

历史悠久的瑞士传统干酪

亚宾塞干酪 Appenzeller

☆☆☆ 

简 介

类别： 半硬质干酪
原产地： 瑞士亚宾塞地区
原料奶： 牛奶
脂肪含量： 不低于48%
外形： 直径30~33cm，高7~9cm，重6~12kg
季节： 夏季至冬季

●可以根据商标的颜色选购

这款干酪产自瑞士东北部阿尔卑斯山脉的亚宾塞地区。它的商标上有当地的徽章，画着一只直立行走的狗熊。据说在公元800年，亚宾塞干酪还上过查理曼大帝的餐桌。如此推理，它的诞生应该是更早之前的事，可见它的历史相当悠久。

亚宾塞干酪的传统制法很奇特：成熟前要在加入了香料的白葡萄酒或苹果酒中浸泡数日，而在成熟的过程中还要用布蘸着这些酒液擦拭。它的味道很重，香味也比较浓郁，成熟后会产生类似格鲁耶尔干酪的独特滋味，进一步成熟则会有强烈的辛辣感。根据成熟时间的长短，它的外包装上会出现不同颜色的商标：成熟3~4个月的为银色，成熟4~5个月的为金色，成熟6个月以上的为黑色，你可以根据商标的颜色选购。

小贴士 将其切成薄片直接食用十分美味，也可以在上面撒上黑胡椒，或切成小块添加到蔬菜沙拉中。融化或制成粉末后可以用于各种菜肴的烹饪。

玛利波干酪 Maribo

简介

类别： 半硬质干酪
原产地： 丹麦日德兰半岛
原料奶： 牛奶
脂肪含量： 不低于45%
外形： 长方体
季节： 整年

●清淡、易融，适合做菜

玛利波干酪是丹麦代表干酪之一。这款干酪在亚洲颇具人气，即使对干酪不太熟悉的人也知道它。

“玛利波”是丹麦日德兰岛上一个小镇的名字。玛利波干酪是在古达干酪的基础上经过变形制作而成的，有14千克的圆盘形，也有15千克无蜡的正方形。现在的玛利波干酪大部分是长方体的。一般来说干酪店或超市都出售切好的，甚至是带包装的玛利波干酪。

它的质地呈浅黄色，比较粗糙，到处都有小孔，但弹性十足。其口味温和，略带酸味，正是这份清淡味道使它赢得了大众的喜爱。它几乎可以用于所有菜肴中，加热即化的黏糊劲儿特别适合做比萨饼、奶味烤菜以及干酪火锅。

小贴士 不管是白葡萄酒还是红葡萄酒，只要酒体较轻即可与之相配。也可以切成小块撒在三明治的馅儿或蔬菜沙拉中。另外还可以将其融化用来制作比萨饼。

温和可口的丹麦代表性干酪

萨姆索干酪 Samsoe

简 介

类别： 半硬质干酪
原产地： 丹麦日德兰半岛
原料奶： 牛奶
脂肪含量： 不低于45%
外形： 长方体
季节： 整年

●大众化口味，适合家庭制作

萨姆索干酪的人气与玛利波干酪不相上下，而且两者在外观上十分相似。玛利波干酪模仿的是荷兰的古达干酪，而萨姆索干酪的原型则是瑞士的格鲁耶尔干酪。19世纪，丹麦国王从瑞士招募干酪技师，生产出了这款干酪。它的滋味可口，有着温和的甘甜。过去几乎都是圆盘状的，而到现在以无蜡的四方为主。其内里有豆粒大小的气孔，比玛利波干酪的气孔要大，这是由于它在制作过程中将乳清从凝乳中分离之后再进行压榨的缘故。

因其大众化的口味，被广泛用于比萨制作等食品加工中。也有许多国家进口有机的萨姆索干酪。其名取自于位于日德兰半岛与西兰岛之间的一个叫“萨姆索”的小岛。

小贴士 这款干酪最适合与啤酒、酒体轻的白葡萄酒或是果味的红葡萄酒同食。它在比萨、干酪火锅等各种菜肴中都能起到重要的作用。因其内里较硬，最好切成片夹在三明治或开胃小菜中食用。

柔软的半硬质干酪，兼备洗浸干酪的特征

哈瓦提干酪 Cream Havarti

简介

类别： 半硬质干酪
原产地： 丹麦日德兰半岛
原料奶： 牛奶
脂肪含量： 不低于60%
外形： 圆盘形，重200g
季节： 整年

●曾经的提尔锡特干酪

这款干酪就是过去著名的丹麦提尔锡特干酪（Tilsiter），后来人们为了纪念丹麦干酪生产业界的先驱者汉娜·尼尔森，就改以她的农场名称“哈瓦提”来命名了。

它的表皮呈淡黄色，有着与洗浸干酪相似的气味和黏性，因而有时被归于洗浸干酪之列。不过整体上来说，带着微微的甘甜与浓香的它还是比较可口的。成熟3个月之后，味道会愈加深厚。它的内里布满了米粒大的气孔，柔软而有弹性。

小贴士 在丹麦，它常用来夹在三明治中。由于它与新鲜蔬菜十分投缘，用在蔬菜沙拉或蔬菜棒中也相当美味。要配以酒类的话，请选择啤酒或果味的白葡萄酒。

带有花纹的西班牙拉曼恰特产

曼彻格干酪 Queso Manchego

简 介

类别： 半硬质干酪
原产地： 西班牙拉曼恰地区
原料奶： 绵羊奶
脂肪含量： 不低于45％~52%
外形： 直径9~22cm，高7~12cm，重1~3.5kg
季节： 整年

●在《唐·吉诃德》中出现的干酪

著名小说《唐·吉诃德》的故事便发生在西班牙的拉曼恰，那里也是曼彻格干酪的故乡。其实塞万提斯在《唐·吉诃德》里也提到了曼彻格干酪，它是一款在西班牙家喻户晓的干酪。咬下一口，您能强烈地感受到绵羊干酪特有的甘甜和香味，口中弥漫着蜂蜜般的羊奶甜味，与之后可口的余味美妙地融合在一起。有工厂制与家庭制两种，前者用的是杀菌奶，后者用的是非杀菌奶。

曼彻格干酪的外形颇具特色。在外包装上印着细细的编织花纹，这是它独有的特征。在过去，这种花纹是在家庭手工制作过程中留下来的，而现今的曼彻格干酪大部分都是工厂制作的，还要特意打上花纹。它的质地硬实，高雅的象牙色与它的滋味一样温和。在成熟的不同阶段中，您还可以品尝到不同的滋味。

小贴士 最好的食用法就是将它切成薄片，再配以葡萄酒，无论是红葡萄酒还是白葡萄酒都十分美味，当然若是能有产自西班牙的重酒体红葡萄酒，当然是最好的了。

产自漂浮在地中海上的诺卡岛，散发着海水清爽的香味

马弘干酪 Mahón

☆☆☆ 

简介

类别： 半硬质干酪
原产地： 西班牙梅诺卡岛
原料奶： 牛奶
脂肪含量： 不低于40%~45%
外形： 边长15~18cm，高5~9cm，重1~4kg
季节： 整年

●多脂润滑，带有辛辣风味

众所周知，漂浮在地中海的小岛梅诺卡岛是蛋黄酱的发祥地。那里的气候温暖，很早以前就有发达的畜牧业和制酪业。“马弘”是这个岛上的一个港口名，它曾经是从事地中海贸易的重要场所。

制作马弘干酪所用的原料奶来自于岛上牧养的奶牛。在制作过程中，一般用橄榄油擦拭其表面令其成熟，有时甚至还加入红辣椒。带着微酸的清爽滋味让人不禁想起海水的咸香。它的外皮呈浓橙色至红褐色，多脂润滑。随着进一步成熟，还会产生像乌鱼子那样刺激性的辛辣风味。从新鲜的马弘干酪到成熟透的马弘干酪，您可以品尝各种各样的味道。据说这款干酪的历史可以追溯至13世纪。

DOP

小贴士 具有鲜明、浓郁滋味的马弘干酪，与辛辣的白、红葡萄酒或雪利干红，都十分相配。在成熟的过程中，它的刺激性味道逐渐增加，配以辛辣的日本酒也会产生意想不到的效果。

具有绵羊干酪特有的温和及烟熏味

伊蒂阿萨巴尔干酪 Idiazábal

简介

类别：半硬质干酪
原产地：西班牙巴斯克地区以及纳瓦拉地区
原料奶：绵羊奶
脂肪含量：不低于45%~50%
外形：直径10~30cm，高8~12cm，重0.5~3.5kg
季节：整年

●带着烟熏的香味

这款干酪产自于西班牙和法国接壤处的巴斯克地区。其表皮为光亮的橙色，内里为淡黄色，接近表皮的部分则呈具透明感的茶褐色。散发着被烟熏过似的香味，以及绵羊奶那恰到好处的特殊酸味。

伊蒂阿萨巴尔干酪分为熏制的和未熏制的两种，未熏制的占大多数。当然，前者的烟熏味要比后者重得多。

它注册了DOP，一直遵守着严格的规定。比如使用的原料奶必须是当地的拉恰种或卡兰萨纳种的绵羊，凝固剂必须是咸腌的小羊肚等。由于这些原因，我们才能从它那质朴的滋味中隐约感觉到青草的香味。

小贴士 它与酒体重的红葡萄酒或白兰地十分相配。您可以将其切成薄片作为下酒菜或零食。想吃甜食或觉得嘴里太淡时也不妨来上一点儿。

圣西蒙干酪 San Simón

简介

类别：半硬质干酪
原产地：西班牙加里西亚区卢戈省特拉·查
原料奶：牛奶
脂肪含量：不低于45%
外形：底面直径约10cm，高约13cm，重约1kg
季节：整年

●外形酷似一滴眼泪

这款干酪以牛奶为原料制作而成，滋味清淡而温和。倘若您之前对西班牙干酪敬而远之，那它一定能改变您对西班牙干酪的印象。

它产自西班牙西北部的加里西亚区。经过了细心、费时的压榨，质地光滑，没有气孔。表面经过熏制处理，由此形成的颇具个性的滋味是其最大特征。一闻到那味道，就会想起过去装在玻璃瓶中的咖啡牛奶，轻轻咬一口，便满口甘甜。

它的另一个特征是上尖下圆的圆锥形，十分可爱，酷似漫画中主人公的眼泪。

小贴士　它的表皮经过了烟熏处理，因此可以切成薄片作为下酒菜或零食。它与西班牙产的红葡萄酒以及威士忌、啤酒等都很合得来。奶味十足的它，随时都可以作为点心食用。

微微的酸味与树芽的香味给人以清爽感

尼萨干酪 Nisa

简介

类别： 半硬质干酪
原产地： 葡萄牙东南部
原料奶： 绵羊奶
脂肪含量： 不低于45%~60%
外形： 直径12~19cm，高3~5cm，重0.2~1.3kg
季节： 整年

●质地紧实，香味浓郁

这款干酪的原料奶来自葡萄牙东南部的梅里纳·布拉卡种绵羊。制法独特，用来凝奶的凝固剂“卡尔多”是从朝鲜蓟的雄蕊中提炼出来的。它的成熟过程是在洗浸表皮的过程中完成的，因而带着像烟熏过的橙色。其质地紧实，有着强烈的气味。一口咬下去，能感受到绵羊干酪特有的甘甜和少许膻味，浓郁的香味在口中久久不能散去。隐约而现的酸味，增添了些许新鲜的感觉。

与其他干酪一样，尼萨干酪过去多为农家自制，现在多为家庭工业化制作。在没有冰箱的时代，人们在干酪的外面涂上一层橄榄油，即可长期保存。

DOP

小贴士 应与当地产的红葡萄酒相配。在餐桌上，它既可以做饭前的开胃菜，又可以做饭后的甜品。配上质朴的面包，您愈发能感觉到它那美妙的滋味。

兰开夏干酪 Lancashire

简介

类别：半硬质干酪
原产地：英国兰开夏郡
原料奶：牛奶
脂肪含量：不低于48%
季节：整年

●《金银岛》中的本·甘所梦到的干酪

在英国著名惊险小说《金银岛》中，本·甘每夜梦见的就是这款干酪。如此令本·甘着迷的，当然是兰开夏干酪的好滋味了。它的形状与切达干酪相似，吃起来却比较清淡，同时还带着一点复杂而莫名的浓郁深味，咸中带酸。正是这种充满个性的味道令人难以忘怀。

兰开夏干酪之所以有着如此独特的风味，很大程度上是因为它那特殊的制法。在制作过程中，混合使用过夜的凝乳与新鲜的凝乳，过夜凝乳中自然产生的乳酸菌使它带上了酸味，独特的深味就是由此而生的。现今的兰开夏干酪依然保持传统，在外面包上绷带，涂上猪油令其成熟，2个月之后便到了它的最佳食用期。成熟10个月的兰开夏干酪则具有更加强烈的个性，令干酪通爱好者频频点头。

小贴士 将兰开夏干酪、啤酒、蛋黄以及英国辣酱油混合均匀，涂在面包上，然后再烤一烤，一道英式威尔士烤干酪小吃便做好了。许多人都说，兰开夏干酪比切达干酪要好吃。配上雪利酒或波特葡萄酒则风味更佳。

有着浓重的酸咸味，在英国人气极高

柴郡干酪 Cheshire

简介

类别：半硬质干酪
原产地：英国柴郡
原料奶：牛奶
脂肪含量：不低于45%
外形：有用布包裹的，也有表面涂蜡的
季节：整年

●红白青三色丰富了它的多样性

这款干酪诞生于11世纪后半叶，是英国最古老的干酪，因产自于柴郡而得名。柴郡又被称为“切斯特郡”，因此它又有一个“切斯特干酪”的小名。英国人喜欢把一种干酪做成多种颜色，柴郡干酪就是其中的一种。它有红、白、青三色，与英国国旗的颜色相同。也许是因为这个原因，它在英国有着极高的人气。其中最常见的是白色柴郡干酪。

这款干酪虽然颜色不同，但味道都是一样的。浓重的咸味和微酸的辣味是它的主要特征。之所以会有咸味，是因为它所用的原料奶来自于那些吃西部海岸上咸味的牧草长大的奶牛，而那里的牧草也为干酪增添了芳醇的风味。柴郡干酪的质地虽然松酥，但还是比较湿润的。

左边是表面涂蜡的柴郡干酪。右边是用布包裹的柴郡干酪

小贴士 柴郡干酪最适合作为英国淡色啤酒的下酒菜。用于煎蛋卷或白汁鱼等菜肴也相当美味。不过要注意的是，这种干酪本身就有咸味，而且有一点儿辛辣，在放其他调味料时应有所控制。

专栏　干酪食用小窍门③

干酪的选择方法和最佳食用期

选择干酪的最好方法，是到值得信赖的干酪店里去听取店员的意见，然后选购。干净整洁、销售数量多、店员知识丰富的干酪店才是好的干酪店。请一定记住按需购买，不要买太多。软干酪非常容易变质，请务必注意。至于最佳食用期则因个人喜好而异，这里只为大家介绍一般情况。另外，除鲜干酪以外的其他类型干酪最好在食用前将其从冰箱取出，在常温下放置30分钟。

鲜干酪

选择方法 要尽量选择新鲜白嫩的干酪。购买前务必看清保质期。开封后应尽快吃完。

最佳食用期 越早食用越好。有着可口的奶味。

洗浸干酪

选择方法 选择方法因干酪而异，不能一概而言。一般来说边缘丰满、表皮有光泽、用手触摸表皮有些黏的话就比较好。

最佳食用期 有些洗浸干酪完全成熟时还是硬邦邦的，因而只通过干酪的柔软程度来判断是相当困难的。不过有一点要注意，一定要在它出现皲裂之前吃完。在购买前最好先咨询一下商店里的工作人员。

白霉干酪

选择方法 整体丰满有弹性的是好干酪。如果是已经切好的，应选择切口有光泽、有透明感的干酪。

最佳食用期 最好比包装上标明的最佳食用期限提前1~2周食用。当然，在最佳食用期限内食用也还是非常美味的。倘若上面的真菌纯白且暄软，说明干酪还未成熟；当真菌减少且偏茶色时则是食用的好时期。脂肪含量达到60%以上的“二重干酪”、“三重干酪”则无需待其成熟，可即食。

山羊干酪

选择方法 虽说山羊干酪在成熟的不同阶段会产生不同的风味，但要想在家里令其成熟可不是件容易的事。您最好在店里根据干酪的成熟程度来选择自己喜欢的干酪。山羊每年只有3~5月才能产奶，因此过去只有春季到秋季这段时间才能吃到山羊干酪。不过随着科技的进步，现在一年四季都能吃到山羊干酪了。

最佳食用期 根据自己的喜好在不同的成熟阶段食用。成熟1~2周后依然保有可口的奶味；成熟3~5周后则能品尝到山羊奶特有的滋味及柔软的口感；成熟6周以上便产生独特的风味，深得“干酪粉丝”的喜爱。

半硬质干酪

选择方法 切面的颜色均匀、透明且有光泽者为上品。有气孔的话，气孔大小均等者为上品。

最佳食用期 市场上出售的那些切好的半硬质干酪一般都是到了最佳食用期的，您最好到那种现切现卖的干酪店购买。

蓝纹干酪

选择方法 内里的蓝色真菌分布均匀，切口湿润，白色部分呈有光泽的象牙色的为上品。不要选择那种真菌旁多空洞且偏茶色的干酪。

最佳食用期 出产后2~3个月为最佳食用期。进口的干酪一般都已经到了最佳食用期，一买来就可以立即品尝。

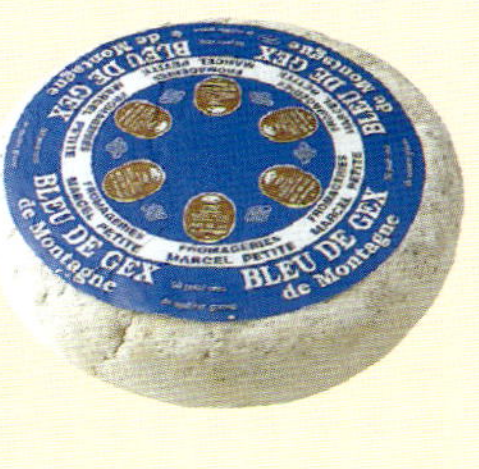

硬质干酪

选择方法 应选择质地紧实、色泽亮丽均匀，且没有不自然皱裂花纹的干酪，如果有气孔，气孔越光滑越好。假如切口处有半透明的氨基酸结晶则更好，因为那是成熟后稀释出来的精华。

最佳食用期 一般市场上卖的都是刚好可以食用的。起初硬质干酪是存起来应急的，其保存方法看似简单，但还是需要多加注意，因为它一旦切过之后就不会再进一步成熟了。

伯爵干酪 Comté

简介

类别： 硬质干酪
原产地： 法国弗朗什—孔泰地区
原料奶： 牛奶
脂肪含量： 不低于45%
外形： 直径40~70cm，高9~13cm，重35~55kg
季节： 整年

●即使天天吃也不厌烦

这款干酪又叫孔泰干酪，可以称得上是法国人最熟悉的干酪了。它的产量在AOC干酪中独占鳌头，其超高人气的秘密是味道的平衡性——可口而复杂，日常而上乘，怎么也吃不腻。

独特的坚果清香，再加上浓厚的奶味，具有鲜明的味道。其质地紧实有弹性，明亮的黄色到了冬季会变成淡黄色。表皮干燥坚硬，未成熟时呈土黄色，成熟4~6个月呈茶色，成熟半年以上为绿色。

●随着成熟程度的深入，味道愈加丰富

与其他AOC干酪相同，伯爵干酪必须严格遵守一系列规定，其中有一条就是：成熟4个月以上。

成熟6个月以上的伯爵干酪称为“特制伯爵（Comté extra）”，成熟12~24个月的伯爵干酪会出现氨基酸结晶，被称为“老伯爵”或是“果味伯爵（Comté fruité）”，那浓郁的香味，就像堆积如山的水果给人带来的感觉一样。

小贴士 在三明治、沙拉及奶汁烤菜等菜肴中能够发挥它的真实味道。它与格鲁耶尔干酪一样也可以用于制作干酪火锅。辛辣的白葡萄酒、酒体轻的红葡萄酒与它都十分相配。

高雅的山间“干酪王子”，如蜂蜜般浓郁甘甜

波弗特干酪 Beaufort

简介

类别： 硬质干酪
原产地： 法国萨瓦地区
原料奶： 牛奶
脂肪含量： 不低于48%
外形： 直径35~75cm，高11~16cm，重20~70kg
季节： 整年

AOC

●因滋味醇厚而被捧为“干酪王子”

这是一款法国山间干酪。法国的美食家比利萨瓦尼曾因它奢华的味道而赞不绝口，因大量使用牛奶而产生的醇香更加凸显出好滋味。尝上一口，蜜一般的甘甜与清爽滋味在口中蔓延，湿润有弹性的口感令人为之迷恋。

它的产地位于邻近法国和瑞士接壤处阿尔贝维尔山岳地带，这也是众多著名干酪的诞生地。在那里有一个名为波弗特的小村庄，波弗特干酪因此而得名。产自阿尔贝维尔山岳地带的硬质干酪还有伯爵干酪（见第142页）、瑞士的格鲁耶尔干酪（见第152页）等，波弗特干酪要比它们大一些、重一些。

●拥有醇厚甘甜的果味

这款干酪最少要成熟4个月。成熟9~18个月的波弗特干酪十分美味，独特的味道浓郁、深厚，请大家一定要尝一尝。此外，令干酪爱好者垂涎三尺的还有夏天的波弗特高山牧场干酪（Beaffort d' Alpage）。它所用的原料奶来自于夏季牧养于山间的奶牛，且内里颜色要比普通的波弗特干酪深一些，这是由于奶牛食用的牧草不同所致。鲜嫩的绿叶和各色高山植物，为干酪增添了更加丰富的颜色和味道，造就出了干酪中的绝品。

小贴士

配上果味清淡的红葡萄酒或白葡萄酒最为合适。加了核桃的面包以及坚果类食品与它也很相配，用于烹饪也不错。另外您可以尝试用它来做干酪火锅。

阿邦当斯干酪 Abondance

简介

类别： 硬质干酪
原产地： 法国萨瓦地区
原料奶： 牛奶
脂肪含量： 不低于48%
外形： 直径38～43cm，高7~8cm，重7~12kg
季节： 山间小屋制作的要在秋季以后才能吃得到

● “大量且丰富”的复杂滋味

这款干酪在14世纪诞生于法国阿邦当斯的修道士之手，曾经被指定为法国皇室的御用干酪。

它的表皮呈浓茶色，侧面稍往内凹陷成车轮形，有点像波弗特干酪，不过它只有波弗特干酪的1/4。味道独特而奔放，果味的甘甜、榛子的香味以及辛辣味恰到好处地融合在一起，孕育出复杂的滋味，令口中产生出绝妙的韵味。

阿邦当斯干酪产自于同名的小村庄，在当地的方言中，“Abondance”是“大量且丰富”的意思。

小贴士 推荐大家用酒体轻的葡萄酒与之相配。辛辣的白葡萄酒、果味的红葡萄酒能够衬托出干酪的美味。切成小块作为甜品或点心吃也不错。

鲜艳的橙色外表让餐桌更华丽

米摩雷特干酪 Mimolette

简介

类别： 硬质干酪
原产地： 法国佛兰德地区、布列塔尼地区、勃艮第地区、诺曼底地区、普瓦图地区
原料奶： 绵羊奶
脂肪含量： 不低于40%
外形： 直径约20cm，高约15cm，重2~4kg
季节： 整年

●源于荷兰的埃达姆干酪

米摩雷特干酪的渊源到底是荷兰干酪还是法国干酪？这个问题曾经引起争议。后来，众人的意见得到统一——它的渊源在荷兰。17世纪，法兰西帝国下令禁止从外国进口商品，从那以后法国人便无法吃到荷兰的干酪了。于是他们开始模仿荷兰的埃达姆干酪制作出了米摩雷特干酪。

“Mimolette”在法语中是“半软”的意思。成熟时间不长的米摩雷特干酪比较柔软，成熟1年以上时表面会变得干巴巴的，成熟18~24个月则变成茶色，近似开裂。成熟时间不长时比较可口，散发着淡淡的坚果香。随着成熟的不断深入，其滋味愈发浓厚，成熟1年以上的话，味道就像乌鱼子一样。而且，用胭脂树着色后的鲜艳橙色给人留下深刻的印象。

小贴士 成熟时间不长的话最适合作为三明治或沙拉的点缀。它与酒体轻的果味白葡萄酒十分相配。成熟1年以上的话，与日本清酒，特别是精酿酒有着惊人的默契。

继承罗马帝国的悠久传统，意大利风格的干酪名品

帕米加诺·雷佳诺干酪 Parmigiano Reggiano

简介

类别： 硬质干酪

原产地： 意大利。伦巴蒂亚大区的曼托瓦省的一部分（波河右岸一带）、艾米利亚—罗马涅大区的帕尔马、雷焦·艾米利亚、莫迪纳各省，以及博洛尼亚省的一部分（雷诺河左岸一带）。

原料奶： 牛奶

脂肪含量： 不低于32%

外形： 直径35~45cm，高18~24cm，重24~40kg

季节： 整年

●体型巨大，堪称“干酪之王”

帕米加诺·雷佳诺干酪的体积是干酪之最。大鼓状的它能达到24~40千克，如此具有震撼力，不愧为干酪中的王者。

它的味道鲜明、浓郁，错落有致。成熟一般需要12~36个月，不过从它的体积和味道上看，这也不足为奇。成熟至第2年时表皮会变成米色，这正是最美味的时候。咬下一口，越嚼越有味道，满口的白色微粒正是美味的结晶。

●曾经出现在《十日谈》中

这款干酪的产量逐年减少，现在几乎只有农户还在制作。因为它必须混用前一天和当天挤的牛奶，所以一天只能做一次。它的制作过程极其复杂，没有精湛的手艺是无法完成的。在意大利，银行甚至愿意给这款干酪的制作进行担保。

产自意大利北部的帕米加诺·雷佳诺干酪早在10世纪以前就已经问世，甚至还出现在《十日谈》中。它于20世纪初被许多移民带到了美洲新大陆，后来便衍生出了知名的干酪调味料——帕马森干酪。

小贴士 人们常将它碾碎之后作为调味料使用。最为可贵的是，它与任何一款菜肴或葡萄酒都一拍即合，从不挑剔。浇上当地的意大利酒醋，吃起来也十分可口。

罗马绵羊干酪 Pecorino Romano

☆☆☆ 

简介

类别： 硬质干酪

原产地： 意大利拉齐奥大区的维特尔博、罗马、拉蒂纳、弗罗齐诺内各省，托斯卡纳大区的格罗塞托省，以及萨丁尼亚大区

原料奶： 绵羊奶

脂肪含量： 不低于36%

外形： 直径25~30cm，高20~35cm，重20~35kg

季节： 整年

●最初是作为应急食品，咸味极重

这款干酪又名佩科里诺·罗马诺干酪，是意大利最古老的干酪，据说早在公元前1世纪的古罗马时代就已经诞生了。它原产于罗马地区，现在大部分在撒丁岛上生产。

不过，在它诞生之初是作为应急用的，因而含有大量的盐分。现在生产的虽然盐分有所减少，但由于它采用的是在干酪表面撒盐进行腌制的方法，咸味依然很重。除了咸味，它还有微微的酸味以及独特的甘甜。当切口表面渗出乳清时，是它最美味的时候，有人将这种状态形容为“干酪在哭泣”。其质地湿润，透出绵羊干酪特有的好滋味。

DOP

小贴士 它与浓郁刺激的红葡萄酒搭配是最合适的。喜欢吃的人可以直接食用，一般来说都是先磨成粉末用于烹饪中。罗马近郊的奶油培根意大利面如果有了这款干酪的参与，则更显地道。

意大利餐不可或缺的人气硬质干酪

帕达诺颗粒干酪 Grana Padano

简介

类别： 硬质干酪
原产地： 意大利北部帕达纳平原
原料奶： 牛奶
脂肪含量： 不低于32%
外形： 直径35～45cm，高18~25cm，重24~40kg
季节： 整年

●帕米加诺干酪的实惠版

“Grana”是所有质地呈颗粒状的硬质干酪的总称。这款干酪与帕米加诺干酪十分相像，不过它的价格适中，是意大利人生活中不可或缺的干酪，被称为“厨房里的丈夫”。

帕达诺颗粒干酪与帕米加诺干酪的起源和外观几乎相同，但价格不同。因为它们的制作标准不同。前者的标准不及后者严格，成熟时间比较短，1天能够做2次；而后者的成熟时间长，1天只能做1次。

也许是成熟时间短的原因，帕达诺颗粒干酪的质地湿润，味道可口。可以直接食用，也可以切成薄片用来烹制生牛肉。

小贴士 这款日常的干酪可以搭配酒体中等的红葡萄酒、白葡萄酒、啤酒，甚至是日本酒。您既可以把它当零食直接吃，也可以与面包棒（见第166页）一起吃。磨成粉末用于菜肴的烹制也是一种不错的选择。

格鲁耶尔干酪 Gruyère

简介

类别： 硬质干酪
原产地： 瑞士弗里堡州
原料奶： 牛奶
脂肪含量： 不低于45%~49%
外形： 直径70~75cm，高9~13cm，重30~45kg
季节： 秋季、冬季

瑞士硬质干酪的代表

说到瑞士干酪，许多人脑子里最先浮现的就是格鲁耶尔干酪。它的用途广泛，既可以作为主食干酪，又可以像埃曼塔干酪那样用来做干酪火锅，奶汁烤菜和乳蛋饼里当然也少不了它。它的价格适中，适合日常食用。

格鲁耶尔干酪的味道会随着成熟阶段的不同而产生变化，有着柔软而醇厚的口感，这是它的主要特征。多脂润滑的滋味中透着淡淡的酸味和咸味，同时还能感受到坚果的风味。被切成方形的格鲁耶尔干酪只成熟了3个月，其温和的滋味适合用来烹制菜肴。倘若您想要品尝干酪浓郁的味道，可以买一些成熟好的格鲁耶尔干酪。

这款起源于12世纪的干酪产自瑞士西部一个叫做“格鲁耶尔”的小镇，故而得名。黄色的表皮像湿润的饼干，质地细腻，有一些如青豌豆般大小的气孔。

在很早以前，法国边境的山间也一直生产格鲁耶尔干酪，所以关于格鲁耶尔干酪的产地问题曾经有过一段漫长的争论。直至1952年人们在意大利的斯特雷萨举办了一个研讨会，最后一致决定只有瑞士生产的才能叫做“格鲁耶尔干酪”。

品质最好的格鲁耶尔干酪是于夏季放牧期间制作的高山牧场干酪，它的味道与伯爵干酪（见第142页）相似。

小贴士 它可以用于干酪火锅、奶汁烤菜、乳蛋饼等许多用炉火烹制的菜肴中。在瑞士，人们也常把它当做早餐或下酒菜。喝饮料的话，请选择果味辛辣的白葡萄酒或酒体轻的红葡萄酒。

动画片《猫和老鼠》中的大气孔干酪

埃曼塔干酪 Emmental

简介

类别： 硬质干酪
原产地： 瑞士埃曼塔地区
原料奶： 牛奶
脂肪含量： 不低于45%~49%
外形： 直径0.7~1m，高13~25cm，重60~130kg
季节： 整年

●樱桃大小的气孔极易辨认

美国的动画片《猫和老鼠》里那个有巨大气孔的干酪就是这款埃曼塔干酪，它诞生于意大利埃曼塔地区的埃曼塔山谷。现在这款干酪在世界各国均有生产，不过瑞士产的埃曼塔干酪在包装上印有红色的“SWITZERLAND”字样，请一定认准了。

埃曼塔干酪上巨大的“干酪眼”是如何形成的呢？这是由于在干酪制作过程中使用了丙酸。当做好的干酪从温度低的房间移至温度高的房间时，温差使里面的丙酸活跃起来，产生出二氧化碳，结果便出现了樱桃大小的气孔。不过，还要赶在“干酪眼”破裂之前将其移回温度低的房间，防止丙酸产生化学反应。

●融化后食用最佳

埃曼塔干酪可以当做主食直接食用。不过融化之后它的风味与可口程度都会得到很大的提高，适合用于干酪火锅等任何干酪类菜肴中。

它的味道整体来说比较清淡，微微的甘甜中散发着核桃的香味。品质上乘的埃曼塔干酪的气孔呈正圆形，富有光泽，质地湿润柔软且有弹性，买来之后应尽快吃完。

小贴士 推荐用阿尔萨斯或瑞士产的果味白葡萄酒与之相配。它可以用于各式各样的菜肴当中，干酪火锅当然少不了它。将其切成小颗粒状撒在沙拉里也不错。

斯普林芝干酪 Sbrinz（TM）

简介

类别： 硬质干酪
原产地： 瑞士中部
原料奶： 牛奶
脂肪含量： 不低于45%~49%
外形： 直径50~70cm，高10~14cm，重20~45kg
季节： 整年

●请切成薄片食用

这是欧洲最古老的硬质干酪，传说在古罗马时代就已经问世了。17世纪时，它在意大利很受欢迎，人们常用它来交换其他物品。

它的质地极硬，成熟期达到18个月甚至3年。为了防止水分蒸发，人们在它的外面涂上了一层麻油，因此它的表皮光滑且有光泽。如此漫长的成熟期使它的味道更加浓缩，不过相对来说还是比较清爽可口的。它的表面有白色的粉末，其实是氨基酸的结晶。食用时最好用专用的干酪刨（没有的话就用切片器）把它刨成像纸一样薄的干酪片，也可以将其磨成粉末用于各式菜肴中。

小贴士 薄如纸的斯普林芝干酪给人以华丽的视觉享受。直接食用相当美味，如果再配上新鲜蔬菜和水果则能产生更加丰富的滋味。

瑞士第一款获得AOC认证的干酪

埃提瓦干酪 Etivaz

简 介

类别： 硬质干酪
原产地： 瑞士沃州
原料奶： 牛奶
脂肪含量： 不明

●夏季牧场制成的传统风味

这是瑞士第一款获得AOC认证的干酪。产地位于莱芒湖东岸附近一个叫做“埃提瓦”的小村庄。海拔高达1500米，属于沃州范围，有着大片绿茵茵的草地。“埃提瓦”的意思就是“夏季放牧（Estivage）”，也就是说，它只有在每年的5月10日~10月10日的高山夏季牧场（在阿尔卑斯腹地放牧）才能够制作。当地法律对它的制法进行了严格规定：必须在放牧现场制作，禁止输送牛奶，只能用柴火加热。

始终坚持传统制法的埃提瓦干酪有着极其天然的好滋味。优质的原料奶赋予了它醇厚的香味和柔软甘甜的口感，微微的干草香味令人不禁想起暖暖的阳光，这些造就了它出众的独特风味。由于用柴火加热，我们还能从中感受到隐隐的烟熏味，令人食欲大增。

小贴士 最好是将它切成薄片食用。若与水果干或面包在一起，凸显它的干酪原味。果味微辣的白葡萄酒与它也很相配。

口感醇和、质地紧实的荷兰干酪

古达干酪 Gouda

简 介

类别： 硬质干酪
原产地： 荷兰
原料奶： 牛奶
脂肪含量： 不低于48%
外形： 直径35cm，高10~12.5cm，重约12kg
季节： 整年

●荷兰产量最大的干酪

在荷兰，古达干酪的产量占干酪总产量的60%以上，亚洲人对这款干酪也十分熟悉。醇和的口感以及温和可口的滋味人见人爱。黄油似的多脂风味，也为它聚集了不少人气。诞生于13世纪的古达干酪，在14世纪就开始出口国外。

●即使成熟，也朴实依旧

古达干酪的成熟期通常在4周至18个月，有时甚至达到4年。之所以会有如此大的差异，是因为人们能够从成熟程度不同的古达干酪中感受到不同的风味。成熟不久的与成熟程度很高的古达干酪，不管是外表还是味道，在质地、颜色等方面都有着巨大的差异。成熟程度低的古达干酪比较鲜嫩可口，适合初尝者；成熟程度高的古达干酪则发黑偏茶色，质地变得紧实坚硬，味道也变得浓郁。不过这并没有增加它的厚重感，朴实、可口的味道依然存在，只是被凝缩了而已。

传统的古达干酪表面都涂有一层黄蜡。

小贴士 它既与酒体轻的果味白葡萄酒相配，又与啤酒合得来。成熟程度较高的话，宜配上酒体重的红葡萄酒和威士忌。另外它还可以广泛用于三明治、奶汁烤菜等菜肴的烹制当中。

埃达姆干酪 Edam

简介

正式名称： 诺德－荷兰埃达姆（Nord-Hollandse Edammer）
类别： 硬质干酪
原产地： 荷兰
原料奶： 牛奶
脂肪含量： 不低于40%~44%
外形： 高约14cm，重1.7~1.9kg
季节： 整年

●干酪中的“红宝石”

这是又一款荷兰的代表性干酪，出口至世界100多个国家，生产量仅次于古达干酪。在一些国家，由于它的外面打着一层红色的蜡，因此称它为“红宝石”。不过在荷兰本国，埃达姆干酪外面打的都是黄蜡，打着红蜡的干酪只用于出口。

它有着浓郁、温和的好滋味，以黄油似的风味及略带酸味的余味为主要特征。以前很难买到意大利产的粉状干酪，于是埃达姆干酪便成为了粉状干酪的代名词。成熟后坚硬干燥，适合磨成粉末状用于烹饪；成熟不久时柔软新鲜，不妨切成薄片直接食用。有些店甚至还会特意将两者分开出售。

小贴士 它与酒体轻的辣味白葡萄酒、果味的红葡萄酒、啤酒等较温和的酒精类饮料十分相配。柔软的它可以直接食用，或切成片用来做三明治。成熟后适宜磨成粉末用于通心粉或曲奇饼的制作。

清爽的滋味与苹果派十分相配

温斯利代尔干酪 Wensleydale

☆☆☆

简 介

类别： 硬质干酪
原产地： 英国约克郡
原料奶： 牛奶
脂肪含量： 不低于48%
外形： 圆筒状
季节： 整年

小贴士 苹果派与它是经典的传统组合。与姜味面包或新鲜的苹果相配也十分美味。若能伴上红茶，那韵味就像一首清新的协奏曲。

温斯利代尔干酪源于用绵羊奶制成的蓝纹干酪。现在，一说到“温斯利代尔干酪”一般指白色的温斯利代尔干酪。其酸味浓烈，滋味清爽。另外也有蓝色的温斯利代尔干酪，味道比白色的要醇和一些。

高脂奶成就的芳醇滋味

单格洛斯特干酪 Single Gloucester

☆☆☆ 

这款干酪使用高脂牛奶制作而成，因而有着出众的浓郁、芳香的风味，品尝之后还会留下新鲜微酸的余味。格洛斯特干酪分为“单”和“双”两种，只是在尺寸和脂肪含量上有所区别。双格洛斯特干酪的诞生要比单格洛斯特干酪晚，而且大小是它的两倍。

简 介

类别： 硬质干酪
原产地： 英国柴郡
原料奶： 牛奶
脂肪含量： 不低于48%
外形： 圆筒状
季节： 整年

这款芳醇的干酪需要浓郁的红葡萄酒来搭配。您可以把它当成下酒菜或零食直接吃，也可以切成小块与菠萝或泡菜一起吃。

切达干酪 Cheddar

☆☆☆

简介

类别：硬质干酪
原产地：英国西南部以萨默塞特郡为中心的地区
原料奶：牛奶
脂肪含量：50%
外形：侧面边长约10cm，长约30cm，重2.5kg
季节：整年

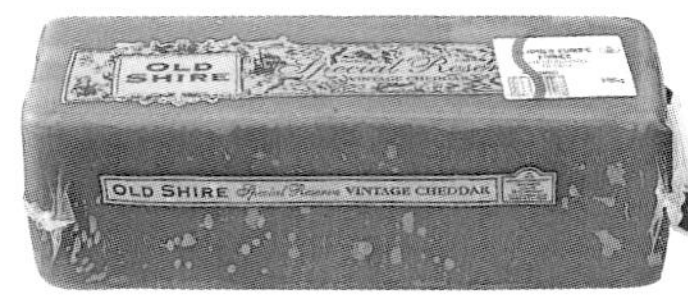

左边是农家制的切达干酪，右边包着蜡层的是工厂制的切达干酪

●全球产量最大的干酪

这款干酪的故乡位于伦敦以西约250千米的萨默塞特郡切达村。早在16世纪都铎王朝时代，切达干酪在英国就已经获得很高的赞誉，并随着前往世界各地的英国移民传遍世界，成为了世界上产量最大的干酪。

现今，工厂制的切达干酪几乎都呈立方体状，重约20千克，工厂先将它们真空包装之后再使它成熟。它具有多脂润滑的口感以及清爽鲜明的风味，是一款十分可口的干酪。

●真正的切达干酪滋味芳醇

切达干酪本来是不着色的。农家自制的传统切达干酪呈圆筒状，重量接近30千克，周围有布包裹着。用“芳醇”来形容农家制的切达干酪是再合适不过了。其滋味浓厚，独特的甜香、淡淡的酸味以及浓重的脂味巧妙地融合在一起。这种传统的切达干酪数量极少，有机会的话一定要尝一尝。

现今，人气极高的切达干酪在全英国均有生产。DOP把传统的切达干酪叫做“西田园农家切达干酪（West country farmhouse cheddar）”。

小贴士 它可以放到沙拉或煎蛋卷中食用，也可以作为菜肴的调味料。与水果一起食用同样十分可口。同时，它与任何饮料都合得来，且与苏格兰威士忌有着特别的默契。

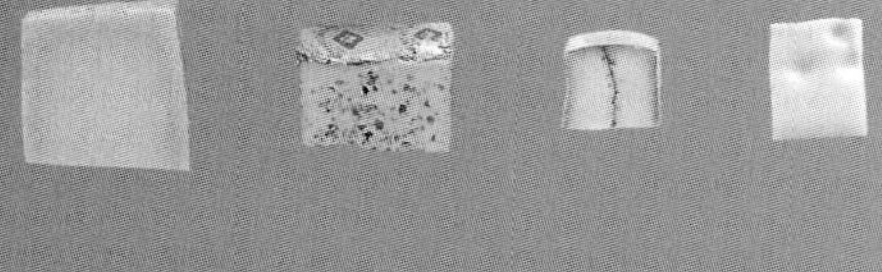

品尝干酪的工具

要想品尝美味的干酪，工具的选择十分重要。小刀当然是必备的，您也可以根据自己的使用目的和频率准备一些其他工具。比如，若想用干酪做菜，有了擦丝器就会比较方便。

干酪刀

在切割多脂柔软的干酪时很有用。这种刀具有多种功能，应用范围广，最好能够备上一把。双重的刀尖用于叉干酪。

干酪擦丝器

可以用它将帕米加诺·雷佳诺等硬质干酪擦碎，用于菜肴的烹制。喜欢在菜肴中加干酪的朋友一定要准备一个。买的时候最好要试试能不能使得上劲儿。

其他的方便工具

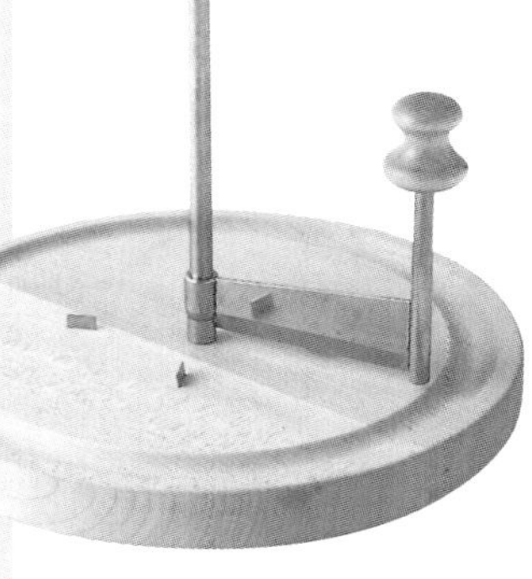

吉洛尔

修士头干酪的专用工具。将干酪固定之后转动手柄，就能将干酪削成花瓣状。

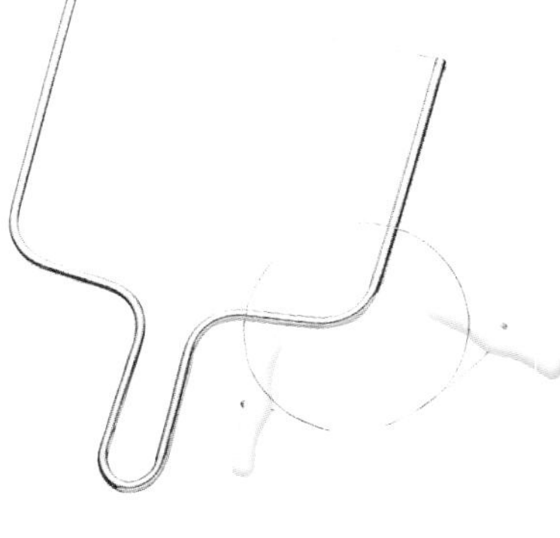

线状切割器

切割洛克福等蓝纹干酪的专用工具。

干酪砧板

在餐桌上分切干酪时使用。一般都是木质的，也有不锈钢或大理石质的。

切片器

半硬质干酪和硬质干酪的切片工具。调整它与干酪的接触角度，可以切出不同厚度的干酪片来。

刀具

不同的干酪有不同的专用刀具。右图中从左到右分别为：塔雷吉欧干酪刀、戈贡佐拉干酪刀、哥洛亭达干酪刀、拉吉奥尔干酪刀、帕米加诺干酪刀（大）、帕米加诺干酪刀（小）。

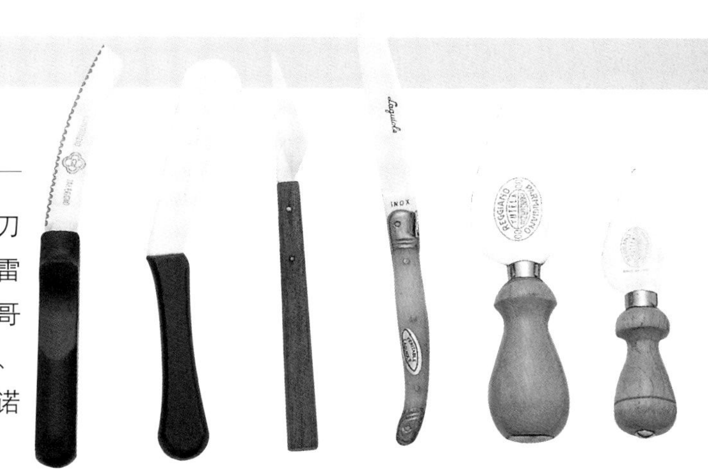

斯普林芝干酪专用的切片器

斯普林芝干酪专用的干酪刨，将干酪刨成薄片。

适合与干酪搭配的食物

单独食用干酪已经相当美味了，倘若再配上面包或是水果，干酪的好滋味将更好地被凸显出来。搭配得当的话，则能够产生愈加深厚的味道。试着找一找自己钟情的搭配吧！

面包类（上图中前面是法式面包，后面是面包棒）

清淡质朴的长棍面包、酸味的法国乡村面包与所有的干酪都能相配。同时，口感的搭配十分重要：鲜干酪适宜配上同样柔软的奶油蛋卷和羊角面包，而膻味重的干酪应与有个性的面包同食。比如含有大量盐分的蓝纹干酪与添加葡萄干等干果的甜面包十分相配。

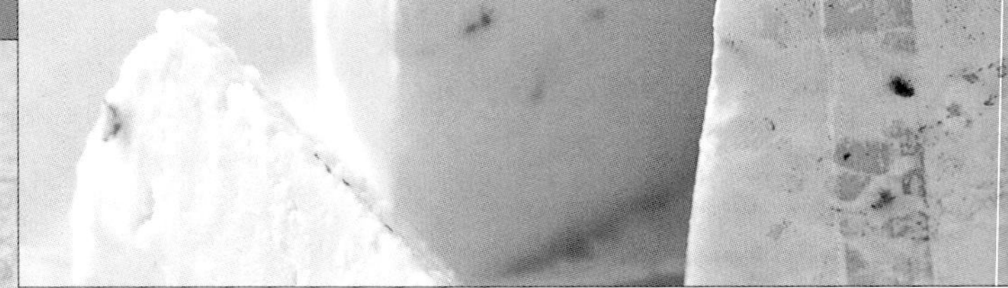

水果

水果既能为干酪添加华丽的色彩，里面的果汁又能使口感更加清爽。苹果与卡蒙贝尔干酪、草莓与马斯卡邦干酪、洋梨与蓝纹干酪、无花果与山羊干酪等都是水果与干酪的经典组合。

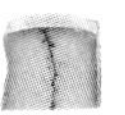

蔬菜

新鲜的干酪与水嫩的蔬菜可以做成简单的蔬菜蘸酱。土豆常常用于干酪菜肴中。蒜泥黄瓜与布鲁西干酪，番茄与马苏里拉干酪，蚕豆与托斯卡纳绵羊干酪等都是蔬菜与干酪的经典组合。同时，土豆是山间干酪最好的搭档。

香草&香料

只需在干酪中稍稍加入一点香草或香料，质朴的干酪原味就会立即衍生出丰富、浓郁的风味来。

果酱&蜂蜜

将鲜干酪蘸上果酱和蜂蜜十分美味，同时它们也能使蓝纹干酪与硬质干酪更加可口，具有亲和力，这就是它们组合的妙用。

水果干&坚果

水果干能够缓解干酪的咸味，坚果则能更好地衬托出干酪的香味。它们的保存和准备都十分简便，最适合与干酪一起作为下酒菜或零食。

TITLE: [チーズの選び方 楽しみ方]
BY: [主婦の友社]
監修: [本間るみ子] (フェルミエ代表)

图书在版编目（CIP）数据

干酪精选123款 /（日）主妇之友社编著；乐馨译. —沈阳：辽宁科学技术出版社，2009.9
ISBN 978-7-5381-6007-9

Ⅰ.干… Ⅱ.①主…②乐… Ⅲ.干酪—基本知识 Ⅳ.TS252.53

中国版本图书馆CIP数据核字（2009）第130399号

策划制作：北京书锦缘咨询有限公司（www.booklink.com.cn）
总 策 划：陈　庆
策　　划：蒙明炬
装帧设计：郭　宁

出版发行：辽宁科学技术出版社
(地址：沈阳市和平区十一纬路 29 号　邮编：110003)
印 刷 者：北京地大彩印厂
经 销 者：各地新华书店
幅面尺寸：170mm×235mm
印　　张：10.5
字　　数：125千字
出版时间：2009年9月第1版
印刷时间：2009年9月第1次印刷
责任编辑：谨　严
责任校对：合　力

书　　号：ISBN 978-7-5381-6007-9
定　　价：36.00元

联系电话：024-23284376
邮购热线：024-23284502
E-mail: lnkjc@126.com
http: //www.lnkj.com.cn
本书网址：www.lnkj.cn/uri.sh/6007